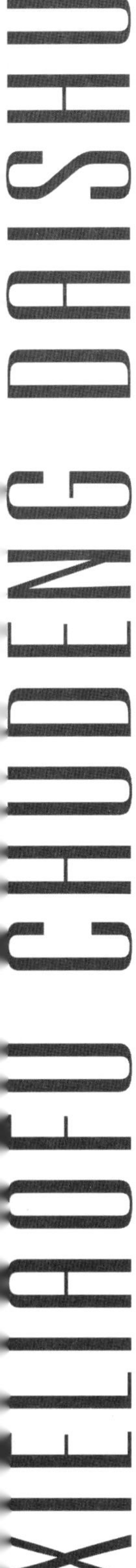

基谢廖夫初等代数

[苏] 基谢廖夫 著　　程晓亮 译

内 容 简 介

本书介绍了初等代数的相关知识及问题，共分6章，主要包括基本概念、相反数及其意义、单项式、多项式和分式、一次方程、开平方、二次方程的相关内容，同时收录了相应的习题.本书按照知识点分类，希望通过对习题的实践训练，可以强化学生对初等代数基础知识的掌握，激发读者的兴趣，启迪思维，提高解题能力.

本书适合中学师生、数学相关专业学生及代数爱好者参考使用.

图书在版编目(CIP)数据

基谢廖夫初等代数/(苏)基谢廖夫著；程晓亮译
.—哈尔滨：哈尔滨工业大学出版社，2022.7
ISBN 978-7-5767-0262-0

Ⅰ.①基… Ⅱ.①基… ②程… Ⅲ.①初等代数
Ⅳ.①O122

中国版本图书馆CIP数据核字(2022)第121751号

策划编辑 刘培杰 张永芹
责任编辑 关虹玲
封面设计 孙茵艾
出版发行 哈尔滨工业大学出版社
社　　址 哈尔滨市南岗区复华四道街10号 邮编150006
传　　真 0451-86414749
网　　址 http://hitpress.hit.edu.cn
印　　刷 哈尔滨市颉升高印刷有限公司
开　　本 720 mm×1 000 mm 1/16 印张9.5 字数155千字
版　　次 2022年7月第1版 2022年7月第1次印刷
书　　号 ISBN 978-7-5767-0262-0
定　　价 38.00元

目　录

第1章　基本概念

第1节　代数符号

§1　代数运算律

用字母表示数.

(1) 数的运算的一般性质. 让我们简要地说明一下,当我们交换两个乘数的位置时,其乘积不变. 从而,假定一个数用字母 a 来表示,另一个数用字母 b 来表示,于是我们就有等式:$a \cdot b = b \cdot a$,或者简写为 $ab = ba$. 一般来说,如果两个字母写在一起并且不加任何符号,那么就意味着它们之间是相乘的关系.

通常情况下,我们用拉丁字母(或法文字母) 来表示数.

(2) 用一个简洁的表达式,统一解决数的运算的一类问题,运算过程中只是数的大小不同,本质却是一样的.

例如,假设我们要解决这个问题,即找到 520 的 3%.

我们这样来想:任何数的 1% 都是这个数除以 100,那么问题的求解过程如下

$$520 \text{ 的 } 1\% \text{ 是} \frac{520}{100} = 5.2$$

$$520 \text{ 的 } 3\% \text{ 是} \frac{520}{100} \cdot 3 = 15.6$$

通过解决一些类似的问题,我们注意到,要找到某一个数的百分之几,只需将其除以一百,再用所得的结果乘以几. 我们用这种方式来解决计算数 a 的 $p\%$ 这个问题,其过程如下

$$\text{数 } a \text{ 的 } 1\% \text{ 是} \frac{a}{100}$$

$$\text{数 } a \text{ 的 } p\% \text{ 是} \frac{a}{100} \cdot p$$

我们用 x 表示计算结果，可以写成等式

$$x=\frac{a}{100}\cdot p$$

从中你可以清楚地看到，如何得到任意一个数的百分之几.

再举个例子. 在算术中，分数乘法法则是这样的：要进行分数乘以分数的运算，你一定要把它们的分子和分母区分开，然后用分子之积除以分母之积. 通过使用字母表示，我们可以非常简洁地表达这个运算法则. 准确地说，如果第一个分数中的分子和分母分别是 a 和 b，而另一个分数中的分子和分母分别为 c 和 d，那么这两个分数相乘可以写为

$$\frac{a}{b}\cdot\frac{c}{d}=\frac{ac}{bd}$$

不难看出，这个公式为任意分数的乘法提供了一般规律，因为我们所说的字母可以指任何数. 同样，对于分数除以分数的运算，我们有如下公式

$$\frac{a}{b}:\frac{c}{d}=\frac{ad}{bc}$$

任何用运算符号和字母来表示的等式或不等式，都称为公式. 现在我们给出一些公式的例子. 如果我们用同样的长度单位来测量一个长方形的长和宽，其底的长是 b，宽是 h，那么这个长方形的面积为 $s=bh$.

三角形的面积公式是

$$s=\frac{1}{2}bh$$

从物理学的角度来看，要确定一种物质的密度，就需要用其质量除以体积，若用 p 表示物体的质量，用 v 表示它的体积，用 d 表示密度，那么我们可以简要地定义密度为

$$d=\frac{p}{v}$$

§2 代数式

我们把按照一定的运算规则所得到的含有字母（或字母和数字的组合）的运算表达式，称为代数表达式，简称代数式. 例如，$\frac{a}{100}\cdot p$，ab，$2x+1$.

如何计算一个代数表达式的值呢？我们把一个代数式中的字母取为确定的数来加以计算，就会得到一个数值，此数值就称为代数式的值. 例如，对于代

数式$\frac{a}{100}\cdot p$,若$p=3$,$a=520$,则有

$$\frac{520}{100}\cdot 3=5.2\cdot 3=15.6$$

§3　代数运算包括:加法、减法、乘法、除法、乘方和开方

在算术中,我们已经接触过前四种运算,即加、减、乘、除.而第五种运算,即乘方,是一种特殊的乘法,即同一个数做若干次连乘积.一个数乘方的结果称为幂,乘方的次数称为幂的指数,这个数就称为底数.如果一个数乘方了两次,其结果就称为这个数的二次幂;如果一个数乘方了三次,其结果就称为这个数的三次幂,如此等等.例如,5的二次幂就是$5\cdot 5$,即25.又$\frac{1}{2}$的三次幂得到的结果就是$\frac{1}{2}\cdot\frac{1}{2}\cdot\frac{1}{2}$,即$\frac{1}{8}$.一个数的一次幂就是这个数本身.

一个数的二次幂也被称为平方,三次幂也被称为立方.之所以这样命名,是因为把a看成正方形的边长,那么$a\cdot a$(即平方)表示这个正方形的面积.同理,把a看成立方体的棱长,那么$a\cdot a\cdot a$(即立方)表示这个立方体的体积.这里我们暂时不讨论开方,因为这在初学代数时有一定难度.

§4　代数中所使用的符号

对于前四种代数运算,即加、减、乘、除,其符号与算术中的相同,但对于乘法符号,当两个字母相乘或者字母与数字相乘时,乘号通常会被省略.

例如,$a\times b$(或者$a\cdot b$)就可以表示为ab.

又如,$3\times a$或者$3\cdot a$,可以写成$3a$.

除法的符号可以用比号“:”,也可以用横线来表示,所以,$a:b$和$\frac{a}{b}$与a除以b的含义是一样的.

乘方通常可以用简化形式来表示:取一个数作为乘数(底数),然后在右上角写上乘方的次数(指数),表示重复相乘多少次.例如3^4,读作:三的四次幂,它表示的是

$$3\cdot 3\cdot 3\cdot 3$$

如果一个数的乘方没有写指数,那么其指数就是1,例如,$a=a^1$.

表示两个代数式相等的符号是"="，不相等的符号是">"和"<"，这个符号的尖角指向结果小的数字. 例如，$5+2=7$，$5+2<10$，$5+2>6$，这就是说 $5+2$ 等于 7，$5+2$ 小于 10，$5+2$ 大于 6.

§5　运算顺序

关于代数式中的运算顺序，有如下规定：首先要进行高阶的运算，即乘方和开方，然后进行乘除，最后再进行加减.

例如，对于代数式 $3a^2b-\frac{b^3}{c}+d$，在计算时首先要做的是求幂(即 a^2 和 b^3)，然后做乘法和除法(计算 $3\cdot a^2\cdot b$ 和 b^3 除以 c)，最后用 $3a^2b$ 减去 $\frac{b^3}{c}$ 再加上 d. 当我们要改变上述顺序时，就会使用括号. 在有括号的代数式中，括号内的运算优先于其他运算. 例如，计算 $5+7\cdot 2$ 与 $(5+7)\cdot 2$，它们的意义是不一样的. 第一个式子是计算 7 乘以 2，再加上 5，其结果等于 19. 第二个式子中，先计算 $5+7$ 的和，再乘以 2，最终得到 24.

例如，$(a+b)c-d$，这意味着必须先计算 $a+b$，然后用得到的结果乘以 c，最后再减去 d.

当还需要改变括号中的运算顺序时，就需要添加另外的括号，例如，$a\{b-[c+(d-e)]\}$，这意味着先计算 d 减去 e，将得到的结果加上 c，之后用 b 减去上面得到的结果，最后再乘以 a.

通常的括号运算有圆括号"()"，方括号"[]"和大括号"{}".

当一个代数式中包含多个括号时，我们要先计算"()"中的运算，然后计算"[]"中的运算，最后计算"{}"中的运算. 我们可以进行带有括号的任何运算，这一运算过程也可以称为去括号. 例如

$$5\{24-2\cdot[10+2\cdot(6-2)-3\cdot(5-2)]\}$$

首先我们打开圆括号

$$5\{24-2\cdot[10+2\cdot 4-3\cdot 3]\}$$

然后打开方括号：$5\{24-2\cdot 9\}$. 最后打开大括号：$5\cdot 6=30$.

练　　习

1. 一个正方形的边长是 a m，用 a 表示这个正方形的周长和面积.

2. 如果一个立方体的棱长等于 m cm，那么它的表面积和体积分别是多

少？

3. 一个长方形的长等于 x m，宽比长少 d m，求它的面积.

4. 一个两位数的十位数字是 x，个位数字是 y. 问此数中含有多少个1？

5. 一个三位数，百位数字是 a，十位数字是 b，个位数字是 c. 问此数中含有多少个1？

6. 有一种由两种茶叶混合到一起的茶，其中含有每千克 m 卢布的茶 a kg，每千克 n 卢布的茶 b kg，求一千克混合茶的价格.

7. 用代数中的符号表示：(1) x 与 y 的平方和；(2) x 与 y 的和的平方；(3) x 的平方与 y 的平方的乘积；(4) x 与 y 的乘积的平方；(5) 数 a 与 b 的和乘以 a 与 b 的差；(6) m 与 n 的和除以 m 与 n 的差（用"："和"/"两种方式表示除法）.

8. 若 $a=20, b=8, c=3$，计算下列各式的值：

(1) $(a+b)c$；(2) $a+bc$；(3) $(a+b)a-b$；

(4) $(a+b)(a-b)$；(5) $(a+b):c$；(6) $\dfrac{a+b}{b-c}$.

9. 写出表达式 $3ab$，其中 a 为 $x+y$，b 为 $x-y$.

历史资料

代数学(Algebra)一词来自于伟大的数学家阿尔·花拉子米，在阿尔·花拉子米的著作《还原与对消计算》中描述了解方程的方法.

在研究了关于方程的章节后，"代数"一词的含义将会被进一步理解. 1591年，法国数学家韦达首先用字母表示数. 在他之后，著名的法国数学家笛卡儿(1596—1650)初步建立了代数符号系统.

今天在代数中使用的符号是由不同的数学家在不同的时期引入的. 在此之前，数学家都是用一个词甚至一个短语来描述计算过程. 更快速计算的实际需要逐渐减少了一些复杂词的使用，直到最后，这些词要么被缩写，要么被特殊符号所取代. 说明一下最常用符号的出现时间，加号和减号("+"和"−")是在1489年由德国马塔提克·维德曼引入的，它们也出现在伟大的意大利画家列奥纳多·达·芬奇的手稿中.

1557年，英国数学家雷科德引入了"="符号，因为，正如他所写的，"没有两件物体比两条平行的长度相等的线条更相等."1631年，另一位英国数学家哈里奥特引入了">"和"<"符号.

1694年，著名的德国数学家莱布尼茨(1646—1716)首次引入了"："这个符号,用来表示除法.

1629 年,荷兰数学家吉拉德在其著作中首次使用了括号"(),[],{}".

并不是所有这些符号都立即被普遍使用.一些数学家仍继续使用部分旧的符号.今天所使用的代数符号的形式直到 18 世纪末才被公认继承下来.伟大的英国科学家艾萨克·牛顿(1642—1727)的著作对这方面产生了巨大的影响.

第 2 节　加减乘除的运算性质

我们在算术中已经知道,最重要的运算是加法、减法、乘法和除法,因为这些运算在代数中经常被使用.

§6　加法

(1) 加法的结果不因加数的位置改变而变化(加法交换律).例如

$$3+8=8+3,5+2+4=2+5+4=4+2+5$$

用字母表示就是

$$a+b=b+a,a+b+c+\cdots=b+a+c+\cdots=c+a+b+\cdots$$

这里的省略号表示数的个数可能超过 3 个.

(2) 几个数相加,把其中若干个数先相加,其和不变.例如

$$3+5+7=3+(5+7)=3+12=15$$

$$4+7+11+6+5=7+(4+5)+(11+6)=7+9+17=33$$

用字母表示就是

$$a+b+c=a+(b+c)=b+(a+c)$$

这个公式说的就是:其中的每一项都可以任意合并重组,其和不变.

(3) 一个数加上一个和式,可以逐次地加和式中的每个数.例如

$$5+(7+3)=(5+7)+3=12+3=15$$

用字母表示就是

$$a+(b+c+d+\cdots)=a+b+c+d+\cdots$$

§7　减法

(1) 从某个数中减去几个数的和,可以逐一减去和中的每个数.例如

$$20-(5+8)=(20-5)-8=15-8=7$$

用字母表示，其实就是

$$a-(b+c+d+\cdots)=a-b-c-d-\cdots$$

(2) 一个数加上两个数的差，等于这个数加上其中的被减数再减去减数. 例如

$$8+(11-5)=8+11-5=14$$

用字母表示，其实就是

$$a+(b-c)=a+b-c$$

(3) 一个数减去两个数的差，等于用这个数加上其中的减数再减去被减数. 例如

$$18-(9-5)=18+5-9=14$$

用字母表示，其实就是

$$a-(b-c)=a+c-b$$

§8　乘法

(1) 乘法中交换乘数的位置其结果不变. 例如

$$4\cdot5=5\cdot4, 3\cdot2\cdot5=2\cdot3\cdot5=5\cdot3\cdot2$$

用字母表示，其实就是

$$ab=ba, abc\cdots=bac\cdots=cba\cdots$$

(2) 几个数相乘，其中的两个数先乘(结合)，其结果不变. 例如

$$5\cdot3\cdot7=5\cdot(3\cdot7)=5\cdot21=105$$

用字母表示，其实就是

$$abc=a(bc)=b(ca)$$

(3) 一个数乘以另两个数的乘积，等于将该数乘以这两个数中的第一个数，再乘第二个数. 所以

$$3\cdot(5\cdot4)=(3\cdot5)\cdot4=15\cdot4=60$$

一般情况下，有

$$a(bcd\cdots)=\{[(ab)c]d\}\cdots$$

(4) 多个数乘以某一个数，可将其中一个数与这个数相乘再乘以其他数，乘积不变. 所以

$$(3\cdot2\cdot5)\cdot3=(3\cdot3)\cdot2\cdot5=3\cdot(2\cdot3)\cdot5=3\cdot2\cdot(5\cdot3)$$

一般情况下，有

$$(abc)m\cdots=(am)bc\cdots=a(bm)c\cdots$$

(5) 两个数的和乘以某一个数,可将这两个数分别乘以这个数,再求和.所以

$$(5+3)\cdot 7=5\cdot 7+3\cdot 7$$

一般情况下,有

$$(a+b+c+\cdots)m=am+bm+cm+\cdots$$

根据乘法的交换律,上述性质可以表述为:一个数乘以两个数的和,等于这个数分别乘以这两个数,再相加.例如

$$5\cdot(4+6)=5\cdot 4+5\cdot 6$$

一般情况下,有

$$m(a+b+c+\cdots)=ma+mb+mc+\cdots$$

这一性质被称为乘法分配律,因为最后的总和等于一个数与括号中的每个数分别相乘再相加.

分配律也适用于减法.例如

$$(8-5)\cdot 4=8\cdot 4-5\cdot 4,7\cdot(9-6)=7\cdot 9-7\cdot 6$$

一般情况下,有

$$(a-b)c=ac-bc,a(b-c)=ab-ac$$

两数之差乘以某一个数,等于该数分别乘以被减数和减数,然后用第一个乘积减去第二个乘积.

§9 除法

(1) 几个数的和除以一个数,等于这几个数分别除以这个数,再把其结果求和.例如

$$\frac{30+12+5}{3}=\frac{30}{3}+\frac{12}{3}+\frac{5}{3}=10+4+1\frac{2}{3}$$

用字母表示就是

$$\frac{a+b+c+\cdots}{m}=\frac{a}{m}+\frac{b}{m}+\frac{c}{m}+\cdots$$

(2) 两个数的差除以一个数,等于被减数除以这个数与减数除以这个数的差.例如

$$\frac{20-8}{5}=\frac{20}{5}-\frac{8}{5}=4-1\frac{3}{5}$$

用字母表示就是

$$\frac{a-b}{m}=\frac{a}{m}-\frac{b}{m}$$

(3) 几个数的乘积除以一个数,等于其中任何一个因数除以这个数再与其他因数相乘.例如

$$(40\cdot 12\cdot 8):4=10\cdot 12\cdot 8=40\cdot 3\cdot 8=40\cdot 12\cdot 2$$

用字母表示就是

$$(abc\cdots):m=(a:m)bc\cdots=a(b:m)c\cdots$$

(4) 一个数除以几个数的乘积,等于这个数除以第一个因数,再用其结果除以第二个因数,如此等等,直到除以最后一个因数.例如

$$120:(2\cdot 5\cdot 3)=[(120:2):5]:3=(60:5):3=12:3=4$$

用字母表示就是

$$a:(bcd\cdots)=[(a:b):c]:d\cdots$$

(5) 除法的另一个特性:如果被除数和除数都乘以(或除以)同一个数(其中除数不能为0),其商不变.

下面用两个例子来说明这一点.

①$8:3=\frac{8}{3}$.

把被除数和除数都乘以5,然后我们得到了新的商

$$(8\cdot 5):(3\cdot 5)=\frac{8\cdot 5}{3\cdot 5}$$

分子和分母都约去5,可得$\frac{8}{3}$.

② $\frac{3}{4}:\frac{5}{6}=\frac{3\cdot 6}{4\cdot 5}$.

我们把被除数和除数都乘以$\frac{2}{7}$就会得到一个新的商

$$\left(\frac{3}{4}\cdot\frac{2}{7}\right):\left(\frac{5}{6}\cdot\frac{2}{7}\right)$$

根据乘法和除法的运算法则,它等于

$$\frac{3\cdot 2}{4\cdot 7}:\frac{5\cdot 2}{6\cdot 7}=\frac{3\cdot 2\cdot(6\cdot 7)}{4\cdot 7\cdot(5\cdot 2)}=\frac{3\cdot 2\cdot 6\cdot 7}{4\cdot 7\cdot 5\cdot 2}$$

约去2和7,可得$\frac{3\cdot 6}{4\cdot 5}$.

实际上,无论a,b和m是什么数,总有

$$(am):(bm)=a:b$$

也可以写为

$$\frac{am}{bm}=\frac{a}{b}(\text{其中 } m \text{ 不为 } 0)$$

如果商没有因为被除数和除数乘以同一个数(不为 0) 而改变,那么它也不会因为被除数和除数除以同一个(不为 0 的) 数而改变,因为除以某个数等于乘以这个数的倒数.

§10 运算性质的实际应用

这些运算的实质通常可以用代数表达式来表示.

(1)$a+b+a+2+b+a+8$.利用加法的性质,我们将加数进行重新组合,得到

$$(a+a+a)+(b+b)+(2+8)$$

这个表达式可以更简单地写成

$$(a\cdot 3)+(b\cdot 2)+10$$

根据乘法交换律,可以重新写为

$$3a+2b+10$$

(2)$a+(b+a)$.为了求出 a 与 $b+a$ 的和,可以把括号先打开,得到 $a+b+a$,之后再合并,从而有

$$(a+a)+b$$

这个表达式可以更简单地写为

$$a\cdot 2+b$$

或者

$$2a+b$$

(3)$a(3x^2a)$.为了求出 a 与 $3x^2a$ 的乘积,可以用 a 乘以 3 并将得到的结果再乘以 x^2a,这样就得到 $a3x^2a$.按照其字母在字母表中的顺序安排表达式中因子的顺序,这个结果可以写成 $3a^2x^2$.

(4)$\left(\frac{1}{5}ax\right)\cdot 10$.该式是多个数的积乘以 10,可以用其中的一个数先乘以 10,我们用$\frac{1}{5}$乘以 10,最后得到 $2ax$.

(5)$(a+x+1)\cdot 3$.根据乘法分配律,我们得到

$$(a\cdot 3)+(x\cdot 3)+(1\cdot 3)$$

也可以写成

$$3a+3x+3$$

(6) $\frac{9ab}{3}$.为了得到 $9ab$ 除以 3 的值,可以先用 9 除以 3,这样就会得到结果 $3ab$.

练 习

化简下列表达式,并解释其中都运用了哪些运算法则.

10. $a+b+a+b+a$;$x+10+(12-x)+3$.

11. $5+a(b-5)+a$;$x+(a+x)$.

12. $m+(n-m)$;$5aabxabxx$.

13. $(3xy)\cdot(2z)$;$\left(\frac{2}{3}ax\right)\cdot 3$.

14. $(x+3)\cdot 5$;$7(x+y+z)$.

15. $(2a+8b-4c):4$;$(10a^2b):2$.

16. $(72x-18y):9$;$(20a^2x^3):(5ax^2)$.

17. $\frac{a}{4}:\frac{b}{4}$;$\frac{15ax}{7}:\frac{5a}{7}$.

第 2 章　相反数及其意义

第 1 节　从两种截然相反的方面理解问题

§ 11　问题

(1) 半夜时，温度计显示 2 ℃，而中午时显示 5 ℃. 从半夜到中午温度变化了多少度？

这个问题中的条件没有充分表达清楚：还应该补充说明温度计在半夜显示的是温暖的(零上)2 ℃，还是寒冷的(零下)2 ℃，同样地，中午的情况也是如此. 如果，温度计在半夜和中午显示的都是零上，那么在这个时间段内温度从 2 ℃ 提高到了 5 ℃，也就是说提高了 3 ℃. 如果在半夜显示的是零下 2 ℃(温度低于 0 ℃)，而中午显示零上 5 ℃(0 ℃ 以上)，那么温度增加了(2 + 5)℃，也就是 7 ℃；等等.

在这个问题中，我们讨论的是两个相反意义的值：温度计的数分为零上和零下. 通常温度高于 0 ℃，用“+”表示零上，温度低于 0 ℃，用“−”表示零下(如果数的前面完全没有符号，就会有误解).

现在我们的任务大概是这样的：在半夜温度计显示的是 − 2 ℃，中午显示的是 + 5 ℃，问从半夜到中午温度变化了多少度？在这种情况下，问题有非常明确的答案：温度增加(2 + 5)℃，即 7 ℃.

(2) 当十月快车(往返于莫斯科与圣彼得堡) 距离博洛戈耶站 100 公里[①](这个车站位于莫斯科和圣彼得堡之间) 时，一辆邮车距离博洛戈耶 50 公里. 那么这两列火车相距多远？

现在看来，这个问题也并不完全确定：它没有说明火车是在博洛戈耶的哪

---

① 1 公里 = 1 km.

一边，例如，它们都在圣彼得堡与博洛戈耶之间，或者有一辆是在莫斯科与博洛戈耶之间. 如果是前一种情况，两列火车之间的距离显然是(100 − 50) 公里，后一种情况，两列火车之间的距离就是(100 + 50) 公里. 因此，要解决这一问题，仅仅知道列车与博洛戈耶的距离是不够的，还需要确定列车在博洛戈耶的哪个方向.

至此，我们又有了一个例子，在这个例子中，除了要考虑量的大小，还要考虑它的方向. 火车到博洛戈耶的相同距离(例如，100 公里)，可以指向一个方向(例如，莫斯科)，也可以指向另一个方向(圣彼得堡). 普通的算术数字只表示距离的大小，没有告诉我们距离的方向.

在这种情况下，必须将表示距离的数加上指示的方向，例如，去往莫斯科方向的 100 公里，去往圣彼得堡方向的 50 公里，等等.

方向指示如下：我们将这条铁路的两个方向之一(例如，从圣彼得堡到莫斯科的方向) 称为正方向，反之(从莫斯科到圣彼得堡) 称为负方向；从这个角度看，正方向上的距离称为正距离，而负方向上的距离称为负距离. 正距离用“+”(正号) 或不加符号来表示，负距离用“−”(负号) 来表示.

因此，如果火车在距离博洛戈耶 100 公里(莫斯科方向) 的地方，我们会说它距离博洛戈耶 + 100 公里(或简单地说 100 公里)；如果火车在圣彼得堡方向距离博洛戈耶 50 公里，我们会说它距离博洛戈耶 − 50 公里. 在这里，符号“+”和“−” 当然不是表示加法和减法，而是表示方向.

我们现在的任务是，当十月快车距离博洛戈耶 +100 公里(或 100 公里) 时，邮车距离博洛戈耶 − 50 公里，求这两列火车之间的距离是多少? 那么，这个问题非常清晰，答案是明确的. 箭头指向道路的正方向(图 1). 此时，这两列火车之间的距离为(100 + 50) 公里.

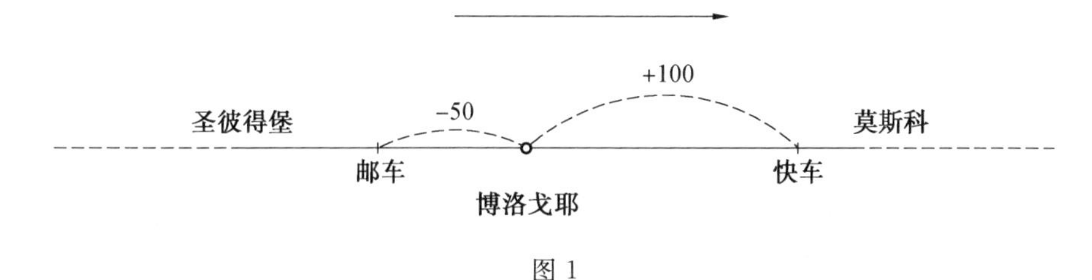

图 1

§12　用相反方式理解的数

除了前面讨论的问题，还有许多其他问题也可以从截然相反的方式来看待. 例如，收入与支出，收益与损失，盈利与亏损，财产与债务，等等.

如果将收入、收益、盈利、财产等的值视为正的，并用“+”(或省略) 表示，那么支出、损失、亏损、债务等同样的值被认为是负的，并用“−” 表示，然后，你可以说支出是负的，损失是负的，等等，这样的规定就清楚了：1 月份房租收入是 +200 卢布，2 月份是 +150 卢布，3 月份是 −50 卢布(3 月份亏损 50 卢布)；大哥的财产是 500 卢布，二哥的是 300 卢布，弟弟的是 −500 卢布(这意味着弟弟欠了 500 卢布).

除了这些数，还有许多其他的数不需要表示“方向”，例如，你不能从相反的意义上理解体积、面积等的大小.

§13　有理数

在算术中研究数是不考虑方向的(例如，当人们想知道距离的大小而不是它的方向时，就可以用算术表示). 代数中的数既表示大小，又表示方向. 此时的数，如果是从正面的意义上说的，那么就在其前面加上“+” 号来表示；如果是从相反意义上说的，那么就在其前面加上“−” 号来表示.

用“+” 表示的数是正数，用“−” 表示的数叫负数. 例如，$+10$，$+\frac{1}{2}$，$+0.3$ 是正数，而 -8，$-\frac{5}{7}$，-3.25 是负数. 零既不是正数也不是负数. 表达式 $+0$，-0 和 0 被认为是相同的.

正数、负数和零通常称为有理数. 正数的绝对值是它本身. 负数的绝对值是它的相反数. 零的绝对值是零. 数 a 的绝对值表示为 $|a|$. 例如，$|+7|=+7$；$|+1|=+1$；$|-1|=+1$；$|-5|=+5$，$|0|=0$. 如果两个数有相同的绝对值和符号，那么这两个数相等.

§14　数轴上的数

一条直线上两点之间的部分叫作线段. 例如，图 2 中所示的线段，其中一个

端点是 A，另一个端点是 B. 对于每一条线段，我们都可以这样考虑，首先确定它的长度，其次是它的方向.

图 2

例如，在我们选择的线段中，说明方向时，可以是从点 A 到点 B，或者从点 B 到点 A. 如果我们考虑的一条线段是从点 A 到点 B 的，那么点 A 就可以称为起点，点 B 就称为终点. 借助这些线段，我们可以用以下方法来描述相反数. 我们将选取一条直线(例如水平线)，并明确直线的哪个方向是正的. 如图 3 所示，假设箭头从左到右的方向是正的，反之，向左的方向是负的.

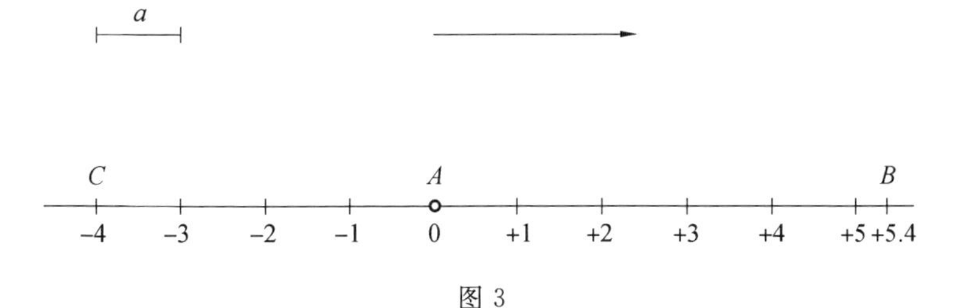

图 3

接下来，我们将以图中的 a 段(图中的 a) 作为单位长度. 现在给出一个正数，比如 $+5.4$. 我们以这条直线上的任意点 A 为起点，把它看作是线段的开始点；然后从这个点向右移动 5.4 个单位长度 a，那么我们就得到一条长度为 5.4，方向为正的线段. 所以，可以说线段 AB 的长度为 5.4，方向为正. 此时，线段的终点 B 处的数就是 $+5.4$.

现在举一个负数的例子，例如 -4. 为了方便观察，我们将从相同的点 A 向左移动 4 个单位. 然后我们得到线段 AC，它的长度是 4，方向是负的，线段终点 C 处的数是 -4.

可以想象，所有的相反数都以同样的方式展示在直线上，就像一条线段的两端. 若一条直线是从点 A 开始的，则点 A 被认为是起点. 那么，直线上点 A 右边的点代表正数，点 A 左边的点代表负数，点 A 处是零，这条直线通常被称为数字直线或数轴.

现在以符号"+"表示正方向上的数，以"−"表示相反方向的数，即相反数，因此，这两个符号也被称为相反符号. 像 $+3$ 和 -3，$+\frac{1}{2}$ 和 $-\frac{1}{2}$，…… 这样的两个数只是符号相反，但绝对值是一样的，就称它们是互为相反数. 现在让我们来看看相反数是如何运算的.

第2节　有理数的加法

§15　例子

一个公司在1月份盈利了a卢布,在2月份盈利了b卢布.则该公司在这两个月内共赚了多少钱?

我们会写一个公式来解决这个问题.很明显,这两个月的利润等于每个月的利润之和.如果我们用"x"表示所盈利的金额,那么就得到了公式

$$x=a+b$$

一个公司可以在某一个月里盈利,但有时不是盈利,而是亏损.

为了在这种情况下应用我们的公式,必须考虑a和b是正的还是负的,这取决于这个月是否有利润或亏损.因此,我们必须能够对负数做加法.

§16　把两个数加起来

让我们从两个例子开始.

(1) 两个互为相反数的数的和等于零.例如

$$(+5)+(-5)=0,(+3)+(-3)=0,(+4.7)+(-4.7)=0$$

或

$$(+a)+(-a)=0$$

事实上,如果一家公司在某一个月盈利,而在另一个月亏损相同的金额,那么整体上它既没有盈利也没有亏损.同样地,如果火车从车站向任何方向行驶5公里,然后又向相反方向行驶了5公里,那么它就会返回到原车站,即相当于根本没有离开车站.

(2) 在某个数的后面加零或在零后加某个数,这个数保持不变.例如

$$(+75)+0=+75,(-75)+0=-75$$

$$0+(+3.5)=+3.5,0+(-3.5)=-3.5$$

或

$$(+a)+0=+a,(-a)+0=-a$$

事实上,如果某公司在第一个月盈利或亏损75卢布,而在下一个月既没有

盈利也没有亏损，那么它在第一个月获得的利润或亏损保持不变. 现在，让我们回到 §15 的问题上来. 我们给出了一个通用公式来解决这个问题，那就是：$x = a + b$.

让我们看看当字母 a 和 b 被数字所取代时可能发生的各种情况.

例 1　每个月都有利润. 例如，第一个月盈利 200 卢布，第二个月盈利 150 卢布.

在这种情况下，$a = +200$，$b = +150$，从而

$$x = (+200) + (+150) = +350$$

公司在这两个月内共盈利 350 卢布.

例 2　每个月都有亏损. 例如，第一个月亏损 200 卢布，第二个月亏损 150 卢布.

在这种情况下，$a = -200$，$b = -150$，很明显

$$x = (-200) + (-150) = -350$$

公司在这两个月内共亏损了 350 卢布.

例 3　这两个月中既有盈利也有亏损. 例如，第一个月盈利 200 卢布，第二个月亏损 150 卢布.

在这种情况下，$a = +200$，$b = -150$. 显然，公司只赚了 50 卢布，即

$$x = (+200) + (-150) = +50$$

例 4　一个月盈利，另一个月亏损，利润比损失的要少. 例如，第一个月亏损 200 卢布，第二个月盈利 150 卢布.

在这种情况下，$a = -200$，$b = +150$，很明显，公司在这两个月内共亏损了 50 卢布，即

$$x = (-200) + (+150) = -50$$

从上面的两个例子中可以得出以下结论：符号不同的两个数相加，先看看哪个加数的绝对值较大，其和取绝对值较大数的符号.

我们可以把正数前面的“+”省略，那么上面的两个算式可简写为

$$200 + (-150) = 50,\ -200 + 150 = -50$$

§17　加法的另一种表达形式

我们给出的两条加法法则，可以用下述的另外两条非常方便的法则来代替.

(1) 加上一个正数等于加上其绝对值. 例如

$$(+7)+(+3)=+10, (+7)+3=7+3=10$$
$$(-7)+(+3)=-4, (-7)+3=-7+3=-4$$

(2) 加上一个负数等于减去其绝对值. 例如

$$(+7)+(-10)=-3, (+7)-10=7-10=-3$$
$$(-7)+(-10)=-17, (-7)-10=-7-10=-17$$

这两条法则可以简称为“双重符号”法则,用字母表示就是

$$+(+a)=+a, +(-a)=-a$$

§ 18　三个或三个以上的数相加

首先,求出前两个数的和,然后再求其与第三个数的和,如此类推. 例如,要求下面这个和

$$(+8)+(-5)+(-4)+(+3)$$

你可以这样写

$$8+(-5)+(-4)+3$$

按这个顺序计算

$$8+(-5)=3, 3+(-4)=-1, -1+3=2$$

然而,没有必要维持这种顺序,因为我们很快就会在 §25 看到,可以重新排列加数并进行任意组合.

练　　习

18. $(+7)+(+3)$;$(-7)+(-3)$;$\left(+\frac{1}{2}\right)+\left(2\frac{1}{2}\right)$.

19. $\left(-\frac{1}{2}\right)+\left(-2\frac{1}{2}\right)$;$(+10)+(-2)$;$(+10)+(-12)$.

20. $(-5)+(+5)$;$(-5)+(+2)$;$4+(-3)$.

21. $(-4)+3$;$8+(-10)$;$(-8)+10$.

22. $(+8)+(-5)+(-3)+(+2)$.

23. $(-7)+(-3)+(-1)+(+11)$.

第 3 节　有理数的减法

§ 19　问题

一个工厂今年 1 月份和 2 月份的收益总和是 a 卢布. 如果我们知道该工厂在 1 月份的收益是 b 卢布，那么它在 2 月份的收益是多少呢？

这两个月的收益总和，可能是正的，也可能是负的(亏损).

但是，2 月份的收益也可能是正的或负的，按有理数的加法，收益总和等于 1 月份的收益加上 2 月份的收益. 因此，在我们的问题中，就是给出了和 a 与一个加数 b，然后求另一个加数.

所谓减法，就是已知两个数的和与其中一个加数，求另一个加数的过程. 这里的数是算术的，还是有负数参与，都无关紧要；已知的那个加数称为减数，要求的那个加数称为差. 这说明我们总是可以用加法来检验减法的正确性：我们用求出的差与减数相加，如果其和等于原来的和，那么这个减法就是正确的.

§ 20　两个数的差

用 x 表示所求的差，我们可以记为

$$x=a-b$$

让我们看看在下列情况下 $a-b$ 的差.

(1) 若 $a=+1\ 000$，$b=+400$，这意味着工厂今年 1 月份的利润是 400 卢布，而两个月的利润一共是 1 000 卢布. 很明显，二月份赚了 600 卢布，即

$$x=(+1\ 000)-(+400)=+600$$

或者更简单的

$$x=1\ 000-400=600$$

让我们用加法来检验一下结果

$$(+600)+(+400)=+1\ 000$$

(2) 若 $a=+1\ 000$，$b=+1\ 000$，这意味着工厂在 1 月份盈利了 1 000 卢布，两个月后利润保持不变. 很明显，今年 2 月份，工厂既没有盈利也没有亏损，即

$$x=(+1\ 000)-(+1\ 000)=0$$

或者更简单的

$$(+1\ 000)+0=+1\ 000$$

此时的减法是正确的.用同样的推理,也有

$$(-1\ 000)-(-1\ 000)=0$$

(3) 若 $a=+1\ 000, b=+1\ 200$,这意味着工厂在 1 月份赚了 1 200 卢布,而两个月加起来只赚了 1 000 卢布,也就是说 2 月份亏损了 200 卢布,即

$$x=(+1000)-(+1\ 200)=-200$$

或者更简单的

$$x=1\ 000-1\ 200=-200$$

检验,得

$$(-200)+(+1\ 200)=+1\ 000$$

(4) 若 $a=+1\ 000, b=-200$,这意味着工厂在 1 月份损失了 200 卢布,而两个月加起来盈利了 1 000 卢布,很明显,2 月份的利润弥补了 1 月份亏损的 200 卢布,即

$$x=(+1\ 000)-(-200)=+1\ 200$$

或

$$x=1\ 000-(-200)=1\ 200$$

检验,得

$$(+1\ 200)+(-200)=+1\ 000$$

(5) 若 $a=-100, b=+800$,这意味着 1 月份的利润是 800 卢布,而两个月加起来亏损了100卢布,很明显,2月份把1月份盈利的800卢布亏了之后,又继续亏了 100 卢布,即

$$x=(-100)-(+800)=-900$$

或者

$$x=-100-800=-900$$

检验,得

$$(-900)+(+800)=-100$$

(6) 若 $a=-100, b=-150$,也就是 1 月份亏损 150 卢布,两个月加起来亏损了 100 卢布,这意味着 1 月份亏损中的 50 卢布被 2 月份赚回来了,即

$$x=(-100)-(-150)=+50$$

检验,得

$$50+(-150)=-100$$

§21　减法法则

通过观察以上例子，我们可以看到，在我们处理的每一种情形中，可以用一个数来代替要减去的那个数.

事实上，以(1) 为例

$$(+1\ 000)-(+400)=+600$$

我们可以不减去 $+400$，而是加上它的相反数 -400，即

$$(+1\ 000)+(-400)=+600$$

这样，我们会得到同样的结果.

以(4) 为例

$$(+1\ 000)-(-200)=+1\ 200$$

用加上相反数代替要减去的数，则

$$(+1\ 000)+(+200)=+1\ 200$$

可以看到，其结果是一样的.

以(5) 为例

$$(-100)-(+800)=-900$$

同样地，有

$$(-100)+(-800)=-900$$

这种做法对所有的情况都适用.

因此，在任何情况下，我们都可以通过加法来代替减法，从而实现运算. 换句话说，减法运算可以转换为加法运算. 因此，得到一条法则：减去一个数，等于加上这个数的相反数.

§22　双符号公式

根据上面的法则，减去 $+a$ 可以用 $-a$ 代替，减去 $-a$ 可以用 $+a$ 代替，用符号公式来表示这些，有

$$-(+a)=-a,\ -(-a)=+a$$

§23 代数的和差运算

相反数的出现为代数的和差运算提供了可能. 例如,$7-3$ 可以这样写:$(+7)+(-3)$,或者更简单地写成 $7+(-3)$;$4+2$ 可以表示为 $(+4)-(-2)$,或者更简单地写成 $4-(-2)$.

像这样,任何复杂的连续的做和或差运算的表达式都可以用和的形式来表示. 例如

$$20-5+3-7=20+(-5)+3+(-7)$$

因此,在代数中,所有的数的加法和减法都可以写成加法运算,称为代数加法.

加在一起求和的数可以是负的、正的和零,这种运算通常被称为代数和,而算术和,其实是把一些非负数简单地罗列起来求和. 如果用加上相反数的方法进行求和运算,那么就称为代数运算.

§24 比较有理数的大小

当我们说 10 大于 7 时,这意味着 $10-7$ 的差是正的,而 $7-10$ 的差是负的. 我们将大小的概念推广到有理数,即:一个数 a 大于另一个数 b,在这种情况下,$a-b$ 是正的;若 a 小于 b,则 $a-b$ 是负的. 在这种情况下,我们要知道:

(1) 所有正数都大于零且大于所有负数,例如 $8>0$ 和 $8>-10$,因为这两个差值 $8-0$ 和 $8-(-10)$ 都是正数.

(2) 所有负数都小于零且小于所有正数,例如 $-5<0$ 和 $-5<+2$,因为差值 $-5-0$ 和 $-5-(+2)$ 都是负数.

(3) 一个负数的绝对值越大,则它越小. 例如,$-5>-12$,因为 $-5-(-12)$ 的差是 $+7$.

为了更清楚地表示数之间的大小关系,最好借助数轴上的点. 选择任意长度 a 作为单位,如图 4 所示:

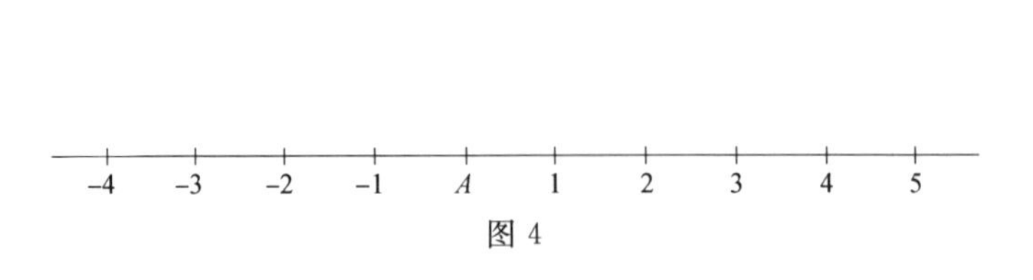

图 4

想象一下，把点 A 看作原点，从点 A 向右无限延长，则得到所有正数；以点 A 为起点向左无限延长，则得到所有负数. 那么，沿着这条直线从左到右(如图 4 中的箭头所示)，我们将不断地从较小的数移动到较大的数，而向相反的方向移动，则是从较大的数移动到较小的数. 换句话说，对于数轴上的任意两个数，较大的数位于较小数的右边. 通过数轴，将很容易地比较数之间的大小关系.

注意：如果 a 是正数，则 $a > 0$；如果 a 是负数，则 $a < 0$.

练　　习

24. 某商品以 a 卢布的价格购进，以 b 卢布的价格出售. 我们赚了多少钱？算出 $a = 40$ 和 $b = 35$ 时的利润. 结果为负的答案意味着什么？

25. 一个人每个月的收入是 m 卢布，花费是 n 卢布. 这个人一个月能剩多少钱？用 $m = 120$ 和 $n = 130$ 计算答案. 负的答案意味着什么？

计算下列各式：

26. $12-(-2)$；$5-(-5)$；$(+8)-(-10)$；$+1-(-1)$.

27. $a-(-b)$；$(+m)-(-n)$；$(+2x)-(-3x)$.

28. $10+(+2)-(-4)-(+2)+(-2)$.

29. 求在 $a=2, b=-3, c=-\frac{1}{2}, d=-\frac{1}{4}$ 时，$a+b+c+d$ 的和.

30. 求当 $m=-10, n=-15$ 时，$m-n$ 的和.

31. 求表达式 $10-2-3+7$ 的代数和.

32. 以相反数的形式表示 $10+8$.

第 4 节　有理数加减法的重要性质

§ 25　例子

让我们用例子来说明，我们在算术中学习的数的加法和减法的性质也适用于有负数的情形.

(1) 交换律：交换两个加数的位置其结果不变. 例如

$$(+20)+(-5)=+15, (-5)+(+20)=+15$$

$$(-10)+(-2)+(+40)=+28$$

$$(+40)+(-10)+(-2)=+28$$

$$(-2)+(+40)+(-10)=+28$$

(2) 结合律：一些数做和，可以把其中任意相邻两个数先求和作为新的加数代替这两个数的位置，其结果不变.

在计算 $(-4)+(+3)+(-1)+(+5)=+3$ 时，我们可以先计算其中两个数的和，例如第 2 个和第 3 个数，用这个和来代替它们，先计算：$(+3)+(-1)=+2$，那么，我们就有 $(-4)+(+2)+(+5)=+3$，也就是说，我们得到的和不变.

(3) 一个数加上一些数的和，等于这个数逐一加上和中的每个数.

例如，40 加上 $20+(-5)+(+7)$ 的和，即

$$40+[20+(-5)+(+7)]$$

我们可以先计算出要加的和，即

$$20+(-5)=20-5=15, 15+(+7)=15+7=22$$

然后，我们用 40 再加上得到的和 $+22$，即

$$40+(+22)=62$$

但是，我们也可以用 40 先加 20，然后加 -5，最后再加 7，即

$$40+20=60, 60+(-5)=55, 55+(+7)=62$$

最后的结果是一样的.

(4) 一个数减去一些数的和，等于这个数逐一减去和中的每个数.

例如，我们要从 20 中减去 $10+(-4)+(-3)$ 的和，即

$$20-[10+(-4)+(-3)]$$

我们可以先计算要减去的和，即

$$10+(-4)=10-4=6, 6+(-3)=6-3=3$$

然后用 20 减去这个数，即

$$20-3=17$$

但是，我们也可以用 20 先减去 10，然后减去 -4，最后再减去 -3，即

$$20-10=10, 10-(-4)=10+4=14$$

$$14-(-3)=14+3=17$$

我们得到的结果和前面的是相同的.

以上这些运算性质适用于所有有理数做加法和减法.

第 5 节　有理数的乘法

§ 26　问题

在莫斯科与圣彼得堡之间的铁路上，有一列火车以平均每小时 1 公里的速度行驶. 中午时这列火车从博洛戈耶车站出发，那么 t 小时后它会在哪里？

让我们运用公式解决这个问题. 如果火车一小时行驶 v 公里，那么 t 小时后，它行驶的距离是 v 的 t 倍. 所以，我们要求的距离 x 等于 vt.

例如，如果 $v=40$，$t=3$，那么火车就位于距离博洛戈耶站 $40 \cdot 3=120$ 公里的地方.

这个解还没有给出问题的确切答案. 我们不知道火车往哪个方向行进了 120 公里：是去莫斯科还是去圣彼得堡. 负数的引入使我们能够准确地回答这个问题.

我们认为从圣彼得堡到莫斯科的方向是正的. 那么，我们从博洛戈耶到莫斯科的距离都将是正的，而到圣彼得堡的距离将是负的. 因此，若向莫斯科行驶，则火车在 1 小时内行驶的速度，行驶的距离都是正的，若向圣彼得堡行驶，则是负的.

现在我们可以更准确地回答这个问题.

如果火车向莫斯科驶去，那就意味着它的速度是每小时 40 公里，3 小时后，它将在距离博洛戈耶 $x=(+40) \cdot 3=120$ 公里处，即向莫斯科方向行驶了 120 公里(图 5).

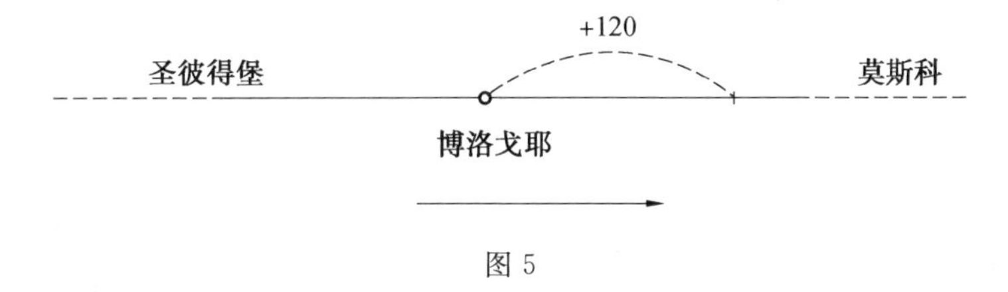

图 5

如果火车开往圣彼得堡，那么它的速度是每小时 -40 公里，3 小时后到达 $(-40)+(-40)+(-40)=-120$ 公里，即距离博洛戈耶 120 公里处，指的是向圣彼得堡方向行驶了 120 公里. 为此我们得出的结论是

$$x=(-40) \cdot 3=-120$$

为了便于计算,我们假设火车总是以同样的速度行驶,而不考虑在车站的停车.

现在,公式 $x=vt$ 给出了火车究竟在哪里的准确答案.在关注火车的方向时,只要考虑 v 是正的或者是负的即可(图 6).

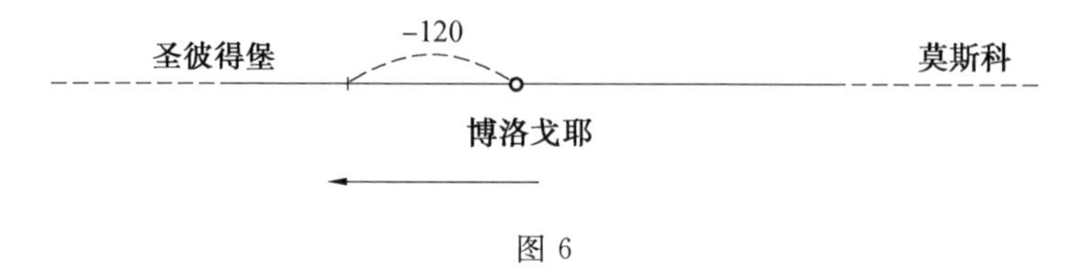

图 6

如果 $v=+50, t=+4$,可以得出

$$x=(+50)\cdot(+4)=+200$$

那么这列火车从博洛戈耶出发,向莫斯科方向行驶了 200 公里.如果 $v=-30$, $t=+2$,则

$$x=(-30)\cdot(+2)=-60$$

即这列火车从博洛戈耶出发,向圣彼得堡方向行驶了 60 公里.

从算术中我们知道,乘法是这样的一种运算,重复相加某个乘数若干次直到得出相应的结果.一个数乘以分数的运算,就是求这个数在某一分法中占几份的过程.

从之前的公式中,我们可以看到,当只有一个因数是正数时,换句话说,是正数乘以负数,例如,-5 乘以 $+3$(或者简写成 3),这意味着重复相加 3 次 -5(得到 -15);0 乘以 5 意味着重复相加 5 次 0(得到 0);-12 乘以 $+\frac{3}{4}$(或者是 $\frac{3}{4}$)意思是把 -12 分成 4 份,求其中的 3 份(得到 -9).

§27　负数与负数相乘

我们改变公式:假设现在是中午,火车在博洛戈耶车站,那么 3 小时前它在哪里?为了解决这个问题,我们将再次将火车的运行速度乘以运行时间.与上一节的问题进行比较,这两个问题的条件和解决方法都相似,但答案是不同的,其取决于这 3 小时是在中午之前,还是中午之后.

如果我们想让公式 $x=vt$ 在任何情况下都能立即给出一个明确的答案,那么我们按照下面的方法来做.

我们认为下午的时间是正的，中午之前的时间是负的，因此，时间 t 是正的还是负的，取决于时间点. 这样一来，两个乘数 v 和 t，都可以是正的或负的.

在解决问题时，我们将考虑可能发生的所有情况，假设火车中午在博洛戈耶，时速 40 公里.

第一种情况：火车开往莫斯科，3 小时后它会在哪里？

在这种情况下，速度是正的：$v=+40$；时间也是正的：$t=+3$. 这时，我们得到了答案

$$x=(+40)\cdot(+3)=120$$

第二种情况：火车开往圣彼得堡，3 小时后它会在哪里？

这时速度是负的：$v=-40$，时间是正的：$t=+3$，那么我们会得到

$$x=(-40)\cdot(+3)=-120$$

第三种情况：火车开往莫斯科，3 个小时前它在哪里？

在这种情况下，速度是正的：$v=+40$，时间是负的：$t=-3$.

很明显，火车 3 小时前停在圣彼得堡和博洛戈耶车站之间，距离博洛戈耶站 120 公里（图 7）.

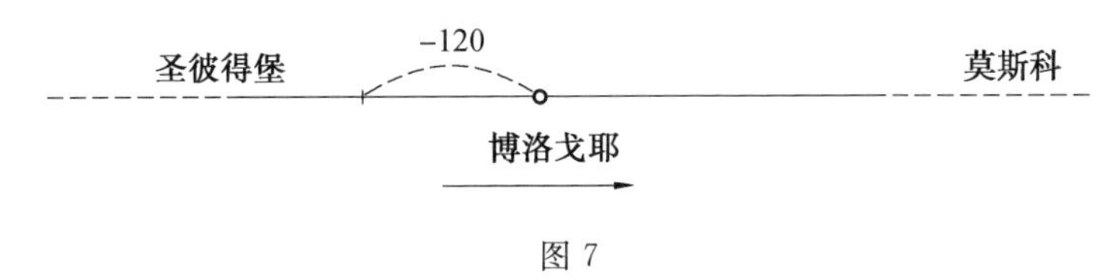

图 7

距离博洛戈耶 120 公里，应该知道它是负的. 因此

$$x=(+40)\cdot(-3)=-120$$

第四种情况：火车开往圣彼得堡，3 个小时前它在哪里？

在这里，速度和时间都是负的：$v=-40$，$t=-3$. 很明显，火车在 3 小时前停在莫斯科和博洛戈耶之间，距离博洛戈耶 120 公里（图 8）.

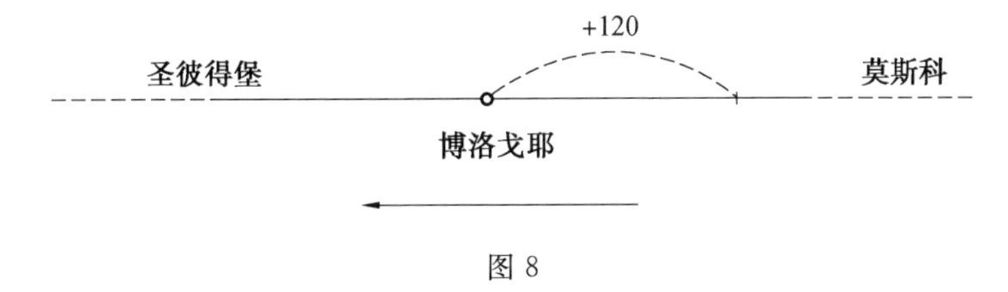

图 8

从博洛戈耶到莫斯科的距离是正的，所以

$$x=(-40)\cdot(-3)=+120$$

§28　乘法法则

如果我们在之前的问题中选择了 40 和 3,即使是其他的数(包括分数),那么很明显,我们的推理过程不会改变.现在为异号两数的乘法建立一个一般法则.

我们写下上面例子中出现的所有乘法,并将它们推广为任意数,则

(1)$(+40)\cdot(+3)=+120$,一般地,有

$$(+a)\cdot(+b)=+ab$$

(2)$(-40)\cdot(+3)=-120$,一般地,有

$$(-a)\cdot(+b)=-ab$$

(3)$(+40)\cdot(-3)=-120$,一般地,有

$$(+a)\cdot(-b)=-ab$$

(4)$(-40)\cdot(-3)=+120$,一般地,有

$$(-a)\cdot(-b)=+ab$$

通过比较这些例子,我们注意到:

(1) 如果两个因数有相同的符号,那么乘积是正的.

(2) 如果两个因数的符号相反,那么乘积就是负的.

(3) 每个因数绝对值的乘积等于乘积的绝对值.

在这里,我们得出一个一般的法则:

两个有理数相乘,先将它们的绝对值相乘,如果这两个数有相同的符号,那么乘积取“+”号,如果这两个数符号相反,那么乘积取“−”号.

关于符号部分的法则被称为符号法则.它通常是这样说的:两个数相乘,同号取“+”,异号取“−”.

通过这些例子,还可以得到另一条法则:一个数乘以正数符号不变;一个数乘以负数符号相反.

我们注意到,如果其中一个因数等于零,那么其乘积总是零.

§29　三个或三个以上数的乘积

让我们计算一下乘积

$$(+2)\cdot(-1)\cdot(+3)\cdot(-10)\cdot(-4)\cdot(-5)$$

为了做到这一点,我们把第一个数乘以第二个数,用得到的乘积再乘以第

三个数，再用得到的乘积乘以第四个数，如此类推，即

$$(+2)\cdot(-1)=-2,(-2)\cdot(+3)=-6,(-6)\cdot(-10)=+60$$

$$(+60)\cdot(-4)=-240,(-240)\cdot(-5)=+1\ 200$$

如果只有正数相乘，那么得到的乘积就是正数. 但是当所有的或一些因数是负的时候就会有：当负数的个数是偶数时，其乘积就会是正的；当这些负数的个数是奇数时，其乘积是负的. 例如：

一个负因数：$(+2)\cdot(-1)\cdot(+3)=-6$；

两个负因数：$(+2)\cdot(-1)\cdot(+3)\cdot(-10)=+60$；

三个负因数：$(+2)\cdot(-1)\cdot(+3)\cdot(-10)\cdot(-4)=-240$.

§ 30　负数的乘方

将上面的乘法法则应用于相同的数相乘，就得到数的乘方.

我们会得到一个负数的平方

$$(-3)^2=(-3)\cdot(-3)=+9,(-7)^2=(-7)\cdot(-7)=+49$$

总之，有

$$(-a)^2=(-a)\cdot(-a)=+a^2$$

负数的平方是正数.

现在我们来看看一个负数的立方

$$(-2)^3=(-2)\cdot(-2)\cdot(-2)=-8$$

$$(-6)^3=(-6)\cdot(-6)\cdot(-6)=-216$$

总之，有

$$(-a)^3=(-a)\cdot(-a)\cdot(-a)=-a^3$$

负数的立方是负数.

很容易看到，根据 § 29，任意偶数个负数相乘时，就会得到正数. 例如

$$(-3)^4=(-3)\cdot(-3)\cdot(-3)\cdot(-3)=+81$$

$$(-2)^6=(-2)\cdot(-2)\cdot(-2)\cdot(-2)\cdot(-2)\cdot(-2)=+64$$

同理，任意奇数个负数相乘其结果总是负的. 例如

$$(-3)^5=(-3)\cdot(-3)\cdot(-3)\cdot(-3)\cdot(-3)=-243$$

$$(-2)^7=(-2)\cdot(-2)\cdot(-2)\cdot(-2)\cdot(-2)\cdot(-2)\cdot(-2)=-128$$

因此，负数的偶数次方是正数，负数的奇数次方是负数. 特别值得一提的是

$$(-1)^2=(-1)^4=(-1)^6=\cdots=+1$$

$$(-1)^3=(-1)^5=(-1)^7=\cdots=-1$$

练　　习

33. $(-2)\cdot(-3)$；$(+7)\cdot(-2)$；$(-8)\cdot(-10)$.

34. $\left(-8\frac{1}{2}\right)\cdot\left(+2\frac{3}{4}\right)$；$(+0.36)\cdot\left(-\frac{3}{8}\right)\cdot\left(-\frac{2}{5}\right)$.

35. $(-1)^2$；$(-1)^3$；$(-1)^4$；$(-1)^5$.

36. 计算表达式 ax^2+bx+c 的值，其中 $a=3, b=-4, c=-5, x=4$.

37. 对于 36 题的表达式，计算下述情况的值 $a=-3, b=4, c=5, x=4$.

38. $4\cdot 0$；$5\frac{1}{2}\cdot 0$；$0.3\cdot 0$；$-83/4\cdot 0$；$0\cdot x$.

39. $\left(-\frac{1}{2}\right)\cdot(+3.5)\cdot(+2)\cdot\left(-\frac{7}{8}\right)$.

第 6 节　异号两数的除法

§ 31　定义

异号两数的除法是一种运算，即已知两数的乘积和两个因数中的一个，来求另一个因数. 例如，$+10$ 除以 -2 表示找到一个数字 x，使得乘积 $(-2)\cdot x$ 等于 $+10$，这个数字是 -5，因为 -5 乘以 -2 的积等于 10.

根据这个定义，除法的正确性可以用乘法来验证：如果用商数乘以除数，我们就得到了被除数，则运算成立.

§ 32　除法法则

考虑以下异号两数相除的例子：

$(+10):(+2)=+5$，因为 $(+2)\cdot(+5)=+10$；

$(-10):(-2)=+5$，因为 $(-2)\cdot(+5)=-10$；

$(-10):(+2)=-5$，因为 $(+2)\cdot(-5)=-10$；

$(+10):(-2)=-5$，因为 $(-2)\cdot(-5)=+10$.

从这些例子中，我们得出了一个法则：

为了得到被除数除以除数的值，先用被除数的绝对值除以除数的绝对值，当这两个数有相同的符号时，结果是"+"，当它们的符号不同时，结果是"−".

因此，除法中的符号法则与乘法中的符号法则一致.

§33　除数或被除数为零的情况

(1) 需要将0除以一个数字，例如+10. 这意味着你必须找到一个数乘以10后能得到0. 这个数是0，也只有0，因为$0\cdot(+10)=0$，而其他数与+10的乘积，不是0，其除以+10显然也不能等于0.

同样，我们发现：

$0:(-2)=0$，因为$(-2)\cdot 0=0$；

$0:\frac{3}{4}=0$，因为$\frac{3}{4}\cdot 0=0$.

所以如果被除数等于零，除数不等于零，那么商数一定是零.

(2) 现在假设除数是0，被除数是其他数，例如，$(+5):0$.

这意味着你需要找到一个数乘以0，得到+5. 但是，我们知道，任何数乘以0，其结果都只能是0，不会是其他的数，因此，商$(+5):0$不能等于任何数. 同样，不能进行除法：$(-5):0$，$(+0.3):0$，$(-7.26):0$，等等.

一般来说，如果除数是零，被除数不是零，那么这样的除法是不可能进行的.

(3) 再看这样的一个例子，除数等于0，被除数也等于0，即

$$0\div 0=?$$

在这种情况下，谈论商是没有意义的，因为任何数乘以零其结果都会是零. 如

$$5\cdot 0=0,7\cdot 0=0,(-100)\cdot 0=0$$

不能将表达式$\frac{0}{0}$计算出任何特定的数值.

练　　习

40. $(+20):(+4)$；$(+20):(-4)$；$(-20):(+4)$；$(-20):(-4)$.

41. $(+2a):(-2)$；$(-5x):x$；$(-7x^2):(-7)$.

42. $0:8$；$0:\frac{1}{2}$；$0:0.3$；$0:a$.

第7节　乘法与除法的主要性质

§34　例子

我们来举个例子,我们在算术中学习过的数的乘法和除法的性质也适用于有负数的情形.

(1) 交换律.交换因数位置其结果不变.

让我们先举两个数相乘的例子

$$(+5)\cdot(+2)=+10,(+2)\cdot(+5)=+10$$

$$(-5)\cdot(+2)=-10,(+2)\cdot(-5)=-10$$

$$\left(-\frac{3}{5}\right)\cdot\left(-\frac{3}{4}\right)=+\frac{9}{20},\left(-\frac{3}{4}\right)\cdot\left(-\frac{3}{5}\right)=+\frac{9}{20}$$

两个以上的数相乘的例子,例如,$(-2)\cdot(-5)\cdot(+3)$.这个乘积的绝对值是$2\cdot5\cdot3$,但是,其是"+"号或"−"号,取决于乘积中负数的个数是偶数还是奇数(在我们的例子中,这个乘积是"+"号).如果我们重新排列各个因数,例如,$(+3)\cdot(-5)\cdot(-2)$,我们会得到一个新的乘积,它的绝对值是$3\cdot5\cdot2$,符号是"+"还是"−",取决于负数的个数是偶数还是奇数.

但是$3\cdot5\cdot2=2\cdot5\cdot3$(根据算术乘法),负数的个数和以前一样保持不变,所以这两个绝对值相同的乘积有相同的符号.因此

$$(-2)\cdot(-5)\cdot(+3)=(+3)\cdot(-5)\cdot(-2)$$

(2) 结合律.一些数相乘,可以把其中任意相邻的两个数先相乘作为新的因数代替这两个数的位置,其结果不变.

例如,计算乘积

$$(-5)\cdot(+3)\cdot(-2)$$

按因数的顺序相乘,有

$$(-5)\cdot(+3)=-15,(-15)\cdot(-2)=+30$$

我们也可以选择任意两个因数先相乘,例如,$+3$和-2先相乘,得到乘积-6,然后再乘以(-5),即$(-5)\cdot(-6)=+30$.因此

$$(-5)\cdot(+3)\cdot(-2)=(-5)\cdot[(+3)\cdot(-2)]$$

(3) 一个数乘以几个数的积,等于用这个数先乘以积中的第一个因数,得到的乘积再乘以第二个因数,如此等等.

同样，一个数除以几个因数的乘积，可以用这个数除以第一个因数，再用所得结果除以第二个因数，如此等等.

因此，$+10$ 乘以 $(-2)\cdot(+3)$ 的乘积，我们可以先算出 (-2) 乘以 $(+3)$ 这个乘积(等于 -6)，然后再乘以 10(得到 -60)，或者我们也可以先用 $+10$ 乘以 -2(得到 -20)，然后用得到的乘积 -20 再乘以 $+3$(得到 -60). 因此

$$(+10)\cdot[(-2)\cdot(+3)]=(+10)\cdot(-2)\cdot(+3)$$

也就是

$$a(bc)=(ab)c$$

同样

$$10:[(-2)\cdot(+3)]=[10:(-2)]:(+3)$$

所以

$$10:[(-2)\cdot(+3)]=10:(-6)=-\frac{5}{3}$$

且

$$[10:(-2)]:(+3)=(-5):(+3)=-\frac{5}{3}$$

也就是

$$a:(b\cdot c)=(a:b):c$$

不难证明上述两个一般情况是正确的.

(4) 我们将展示除法的另一个特性，即被除数和除数都乘以(或除以)相同的数(0 除外)，商不变.

就像我们在 §9 所学的，$\frac{a}{b}=\frac{am}{bm}$ 对于各种各样的算术数，包括整数和分数都有效. 当 a，b 和 m 或其中一些字母是负数时，我们可以证明这个等式仍然是正确的.

以 $5:0.8$ 为例，被除数和除数分别乘以 3，这不会改变商，因为此时所有的数都是算术数，这就是为什么我们可以写出等式

$$\frac{5}{0.8}=\frac{5\cdot 3}{0.8\cdot 3}=\frac{15}{2.4}$$

现在令这个等式中的一些数是负的，例如，把 5 变成 -5，即

$$\frac{-5}{0.8}=\frac{-5\cdot 3}{0.8\cdot 3}=-\frac{15}{2.4}$$

上述等式仍然是成立的，因为此时两个数的绝对值不变，而符号相同，都是负的.

同样容易证明，这个等式当第二个数 b 或第三个数 m 为负的时候也成立. 所以不管 a，b 和 m 这些数是正的还是负的，等式 $\frac{a}{b}=\frac{am}{bm}$ 总是成立的.

商不会因被除数和除数同时乘以（或除以）同一个数而变化，因为除以一个数等于乘以这个数的倒数.

然而，请注意，我们的被除数和除数乘以（或除以）的数不能是零，因为根据 §33，在这种情况下，商是没有意义的.

练　　习

43. 验证下列等式是正确的

$$(-5)\cdot(+2)\cdot(-1)=(+2)\cdot(-1)\cdot(-5)=(+2)\cdot(-5)\cdot(-1)$$

$$10\cdot(-3)\cdot(-2)\cdot(+5)=10\cdot[(-3)\cdot(-2)\cdot(+5)]$$
$$=10\cdot(-2)\cdot[(-3)\cdot(+5)]$$

$$[10+(+3)+(-2)]\cdot(-7)=10\cdot(-7)+(+3)\cdot(-7)+(-2)\cdot(-7)$$

$$\left(\frac{3}{4}-0.2+\frac{7}{8}\right)\cdot 0.3=\frac{3}{4}\cdot 0.3-0.2\cdot 0.3+\frac{7}{8}\cdot 0.3$$

44. 根据乘法结合律，尽可能简便地计算以下各式：

$8\cdot 2\cdot 3\cdot 5\cdot 125$；$2.5\cdot 6\cdot 10\cdot 5$；$\frac{3}{4}\cdot 8.2\cdot 4\cdot 10$.

45. 验证 $3.5:-7$，其中被除数和除数分别乘以 4 和除以 0.75，商保持不变.

第3章　单项式、多项式和分式

第1节　基本概念

§35　单项式和多项式

根据一个代数表达式最终进行何种代数运算，将其分为两种情况.

一个代数表达式的最后一步不是加减运算，则称其为单项式. 因此，单项式是用单一的字母或数字表示，例如 $-a$，$+10$；或是用乘积的形式表示，例如 ab，$(a+b)c$；或是商的形式，例如$\frac{a-b}{c}$；或是平方，例如 b^2，但是单项式最终绝不是和或差的形式.

如果一个单项式中含有除法运算，那么就称其为分式；如果不含，那么就称其为整式. 因此，单项式$\frac{a-b}{c}$是分式，单项式$(x-y)\cdot ab$，$a(x+b)^2$ 是整式. 由于在代数的基础学习阶段，我们只讨论整式形式的单项式，因此就简单地称它们为“单项式”.

多个单项式由“+”或“−”号连接起来组成的代数表达式，称为多项式. 例如

$$ab-a+b^2-10+\frac{a-b}{c}$$

用“+”或“−”号连接成多项式的各个表达式称为多项式的项. 多项式的项包括它前面的符号，例如，对于上面的多项式，有项 $-a$，项 $+b^2$，等等. 如果第一项之前没有符号，我们就假设其带有一个“+”号，因此，在上述例子中第一项是 ab，或 $+ab$.

由两项组成的多项式称为二项式，由三项组成的多项式称为三项式，依此类推. 如果一个多项式的所有项都是整式，那么这个多项式本身也称为整式.

§ 36 系数

假设给定一个乘积

$$a3ab(-2)$$

其中一些乘数是数字，一些是字母. 这样的乘积可以通过将所有含 a 的因式合并来简化(使用乘法结合律)，从而得到

$$3\cdot(-2)\cdot(aa)\cdot b$$

可以化简为 $-6a^2b$.

字母前的数字称为单项式的系数. 例如，单项式 $-6a^2b$ 的系数是 -6.

注意，如果系数是一个正整数，它意味着其中的字母表达式相加的次数，因此，$3ab$ 与 $(ab)\cdot 3$ 相同，也就意味着 $ab+ab+ab$ 的和. 如果系数是一个负整数，它意味着其中的字母表达式相减的次数，因此 $-3x$ 即 $-x-x-x$. 如果系数是分数，就意味着从字母表达式中拿出了几分之几. 如 $\frac{2}{3}ax$，即 $ax\cdot\frac{2}{3}$，即从 ax 中拿出它的 $\frac{2}{3}$.

§ 37 多项式的性质

所有的多项式都是项的代数和. 例如，多项式 $2a-b+c$ 是 $2a+(-b)+(+c)$ 之和，表达式 $+(-b)$ 等同于表达式 $-b$，表达式 $+(+c)$ 等同于 $+c$. 因此，相反数之和的所有性质(见 § 25) 也适用于多项式. 我们来看看其中的两个性质：

(1) 交换律：交换一个多项式各项(连同其符号) 的位置，其结果不变.

(2) 结合律：把多项式中任何两项先求和再与其他项做和，其结果不变.

多项式的性质如下：

(3) 如果多项式中每项之前的符号都是负号，那么多项式的值也将变为原来的相反数，而其绝对值不变.

例如，当 $a=-4$，$b=-3$ 时，多项式 $2a^2-ab+b^2-\frac{1}{2}a$ 的值等于

$$2\cdot(-4)^2-(-4)\cdot(-3)+(-3)^2-\frac{1}{2}\cdot(-4)$$
$$=2\cdot 16-12+9+2=32-12+9+2=31$$

而此时各项变号后的多项式 $2a^2-ab+b^2-\frac{1}{2}a$ 的值等于

$$-2\cdot(-4)^2+(-4)\cdot(-3)-(-3)^2+\frac{1}{2}\cdot(-4)$$
$$=-2\cdot16+12-9-2=-32+12-9-2=-31$$

练　　习

46. 化简下列乘积：

$ax10xaax$；$aa(-5)\cdot bxx(+2)$；$ab\cdot\frac{3}{4}axx\left(-\frac{1}{2}\right)$；$5mxy(-4)mxyy$.

47. 说出这些表达式的类型：

$2a$；$3ax$；$5a^2b$；$4(a+1)$.

48. 计算下列单项式的值：

(1)$7a^2bc$，其中 $a=3$，$b=2$，$c=\frac{5}{7}$；

(2)$0.8a(b+c)$，其中 $a=1$，$b=\frac{5}{6}$，$c=0.25$；

(3) $3(a+b)^2c$，其中 $a=1$，$b=\frac{15}{6}$，$c=0.25$；

(4)$-7x^2y^3$，其中 $x=-2$，$y=1$；

(5)$0.52ax^2y$，其中 $a=100$，$x=-3$，$y=-2$.

49. 计算下列多项式：

(1)$2x^4-x^3+5x^2-7x+1$，其中 $x=1$，$x=2$；

(2)ax^2+bx+c，其中 $a=3$，$b=-2$，$c=-5$，$x=1$.

50. 验证：当 $x=2$ 时，两个多项式 x^3-2x^2+3x-5 和 $-x^3+2x^2-3x+5$ 的绝对值相等，但符号相反.

§38　合并同类项

多项式中除系数外完全相同的项称为同类项.

例如，在多项式

$$\underline{4a}-\underline{\underline{3x}}+\underline{0.5a}+\underline{\underline{8x}}+3ax-\underline{\underline{2x}}$$

中，第一项与第三项是同类项（在它们下面画一条短横线），第二项与第四项和第六项是同类项（在它们下面画两条短横线），而第五项没有同类项.

如果多项式中存在同类项，可以根据加法的结合律将它们合并为一项. 因此，在上面的例子中，我们可以这样合并

$$(4a+0.5a)+(-3x+8x-2x)+3ax$$

但显然，$4+0.5=4.5$，所以 $4a+0.5a=4.5a$. 同样地，$-3x+8x=5x$，$5x-2x=3x$. 因此，多项式可以表示为

$$4.5a+3x+3ax$$

将多项式中所有同类项合并为一项的过程，称为合并同类项.

请注意，两个同类项，其系数相同，符号相反，相加后为 0. 例如

$$2a-2a-\frac{1}{2}x^2+\frac{1}{2}x^2$$

例 1 $\quad a+\underline{5mx}-\underline{2mx}+\underline{7mx}-\underline{8mx}=a+2mx$

例 2 $\quad \underline{4ax}+b^2-\underline{7ax}-\underline{3ax}+\underline{2ax}=-4ax+b^2=b^2-4ax$

例 3 $\quad \underline{4a^2b^3}-\underline{\underline{3ab}}+\underline{0.5a^2b^3}+3a^2c+\underline{\underline{8ab}}=4.5a^2b^3+5ab+3a^2c$

练　　习

51. $a^3x^2+3a^2x^3+\frac{1}{2}a^2x^3+a^2x^3$.

52. $2x-5xy-8xy-3.1xy-0.2xy$.

53. $a+8mxy^2-4\frac{1}{2}mxy^2$.

54. $a-8mxy^2+4\frac{1}{2}mxy^2$.

55. $5a^3-7a^2b+7ab^2+a^2b-2a^3-8ab^2+a^3-12ab^2+3a^2b$.

56. $x^5-4ax^4-2ax^4+2a^2x^3+5ax^4-2a^2x^3+ax^4-7a^2x^3$.

历史背景

负数很早就被希腊数学家丢番图(约 4 世纪)发现，但他称这些数是“不可接受的”，在解决问题时并没有赋予它们任何意义. 然而，当遇到带“—”号的两个数相乘时，他使用的规则与我们今天的类似. 他说：“第一个数与第二个数的差乘以第三个数与第四个数的差，等于第一三两数之积与第二四两数之积的和，减去第一四两数之积与第二三两数之积的和.”因此得出

$$(7-3)\cdot(5-2)=7\cdot5-7\cdot2-3\cdot5+3\cdot2=12$$

印度数学家婆罗摩笈多(620 年)已经给出了一份详细的负数加减法法则，

下面列举出其中的几条：

“两个正数的和总是一个正数”，例如$(+2)+(+3)=5$.

“两个负数的和总是一个负数”，例如$(-2)+(-3)=-5$.

“正数和负数之和等于它们的差”，例如$(+5)+(-7)=-2$.

“0减负数为正数，0减正数为负数”，例如$0-(-3)=+3$；$0-(+3)=-3$，等等.

在欧洲，早在1544年，德国数学家施蒂费尔称负数是“荒谬的”. 荷兰数学家吉拉德在他的《代数新发现》中使用了负数(1629年)，笛卡儿最终将其引入数学中(1637年)，他将其含义解释为有方向的数. 早些时候，加法和减法运算使用拉丁语 plus 和 minus，后来被缩写为字母 p 和 m.

第2节　单项式与多项式的加法和减法

§39　单项式加法

把下列几个单项式相加：$3a$；$-5b$；$+0.2a$；$-7b$ 和 c，即

$$3a+(-5b)+(+0.2a)+(-7b)+c$$

但表达式$+(-5b)$，$+(+0.2a)$，$+(-7b)$与表达式$-5b$，$+0.2a$和$-7b$分别相等.

因此，这些单项式之和可以简写为

$$\underline{3a}-\underline{\underline{5b}}+\underline{0.2a}-\underline{\underline{7b}}+c$$

化简后得到

$$3.2a-12b+c$$

规则：要把几个单项式相加，必须写出每一项前的符号，如果有同类项就合并.

§40　多项式加法

假设用一个字母 m 来表示某个代数表达式，它与多项式 $a-b+c$ 的和表示如下

$$m+(a-b+c)$$

为了转化这个表达式，考虑到多项式 $a-b+c$ 等于 $a+(-b)+c$，加上一个

和式，可以将和中的每个加数逐一相加，因此

$$m+(a-b+c)=m+a+(-b)+c$$

而加上 $-b$ 就等于减去 b，因此

$$m+(a-b+c)=m+a-b+c$$

规则：将代数式与多项式相加，等于将多项式中的每一项填上符号并逐一相加，如果表达式中有同类项即合并. 如果第一项前没有符号，就意味着有一个“+”号.

例 $3a^2-5ab+b^2+(4ab-b^2+7a^2)$.

我们之前用一个字母 m 表示的代数式在这个例子中换成了多项式 $3a^2-5ab+b^2$.

应用上述规则，我们有

$$\begin{aligned}&3a^2-5ab+b^2+(4ab-b^2+7a^2)\\=&3a^2-5ab+b^2+4ab-b^2+7a^2\\=&10a^2-ab\end{aligned}$$

注意：如果多项式相加时有同类项（如上例），那么可以写成下面的形式

$$\begin{array}{r}3a^2-5ab+b^2\\+\,7a^2+4ab-b^2\\\hline 10a^2-\ \ ab\end{array}$$

练　　习

将下列多项式相加，并合并同类项.

57. $(2x-y-z)+(2y+z-x)+(2z-x-y)$.

58. $(3x^3-4x^2+2x-1)+(2x^2-3x+4)+(x^3-2+4x+3x^2)$.

59. $(4a^3-5a^2b+7ab^2-9b^3)+(-2a^3+4a^2b-ab^2-4b^3)+(8ab^2-10a^2b+6a^3+10b^3)$.

§ 41　单项式减法

将单项式 $10ax$ 与 $-3ax$ 相减，所求的差表示如下

$$10ax-(-3ax)$$

减去 $-3ax$，相当于加上这个数的相反数，即 $+3ax$. 因此

$$10ax-(-3ax)=10ax+(+3ax)=10ax+3ax=13ax$$

规则:减去一个单项式,等于加上与这个单项式符号相反的单项式,如果有同类项,要合并同类项.

§42　多项式减法

假设用一个字母 m 来表示某个代数式,其减去多项式 $a-b+c$,可以表示为

$$m-(a-b+c)$$

根据减法规则,只需在 m 上加上多项式 $a-b+c$ 的相反数 $-a+b-c$,所以

$$m-(a-b+c)=m+(-a+b-c)$$

现在应用多项式的加法规则,我们得到

$$m-(a-b+c)=m-a+b-c$$

规则:一个代数式减去多项式等于加上与这个多项式符号相反的多项式,如果有同类项,要合并同类项.

请注意,如果用一个多项式减去另一个多项式,并且这些多项式中含有同类项,那么可以把被减去的多项式的符号改为相反的符号,写在前一个多项式的下面,并确保同类项对齐再相减.例如

$$(7a^2-2ab+b^2)-(5a^2+4ab-2b^2)$$

最好这样处理

$$\begin{array}{r} 7a^2-2ab+\ b^2 \\ \underline{-5a^2-4ab+2b^2} \\ 2a^2-6ab+3b^2 \end{array}$$

练　　习

60. $(2p^2-4p+8)-(p^2-5p-7)$.

61. $(4x^2+y^2+5)-(-2y^2+y+6)$.

62. $\left(\frac{1}{2}x^2-\frac{1}{3}x+1\right)-\left(\frac{1}{4}x^2+\frac{2}{3}x+\frac{1}{5}\right)$.

63. 化简表达式

$$x=(2a^2-2b^2+c^2)-(a^2-2b^2-c^2)+(3a^2+4b^2-3c^2)$$

§43 给多项式去括号

给下面这个表达式去括号

$$2a+(a-3b+c)-(2a-b+2c)$$

去括号时应记住：多项式在括号内时，应注意括号前的符号. 在我们的例子中，第一个括号前是“+”号，第二个括号前是“−”号. 根据给出的规则进行去括号后，我们得到一个没有括号的表达式，如下

$$2a+a-3b+c-2a+b-2c=a-2b-c$$

因此，当括号前是“+”号时，不需要改变括号内各项的符号；但当括号前是“−”号时，应该将括号内每一项前的符号变为相反的符号.

将下列表达式去括号

$$10p-[3p+(5p-10)-4]$$

最方便的做法是先去掉小括号，然后再去掉中括号

$$10p-[3p+(5p-10)-4]=10p-3p-5p+10+4=2p+14$$

§44 给多项式加括号

为了转化一个多项式，往往需要将它的一些项的和放在括号里，有时我们要在括号前加“+”号，即把多项式表示为和的形式，有时加“−”号，即把多项式表示为差的形式. 例如，假设在多项式 $a+b-c$ 中，我们想把最后两项放入括号内，并在括号前加一个“+”号，则

$$a+b-c=a+(b-c)$$

也就是说，括号内每项的符号与原来相同. 如果用加法规则打开括号，即可得到给定的多项式，从而可以验证这种转化是正确的.

在同一个多项式中，将多项式的最后两项放在括号里，并在括号前加一个“−”号，则

$$a+b-c=a-(-b+c)=a-(c-b)$$

也就是说，让括号内每项的符号与原来相反. 如果用减法规则打开括号，就可以验证这种转换是正确的，即可得到给定的多项式.

也可以把整个多项式放在括号内，在括号前加一个“+”号或“−”号. 例如，多项式 $a+b-c$ 可以写成

$$+(a+b-c) \text{ 或 } -(-a-b+c)$$

练　　习

对下列各式去括号并化简：

64. $x+[x-(x-y)]$；$m-\{n-[m+(m-n)]+m\}$.

65. $a+b-c-[a-(b-c)]-[a+(b-c)-(a-c)]$.

66. $(3x^2-4y^2)-(x^2-2xy-y^2)+[2x^2+2xy+(-4xy)+3y^2]$

67. 在多项式 $a-b-c+d$ 中：

(1) 将相邻的三项放在括号内，在括号前加“−”号；

(2) 将相邻的两项放在括号内，在括号前加“+”号；

(3) 将中间两项放在括号内，在括号前加上“−”号.

第3节　单项式与多项式的乘法

§45　单项式乘法

(1) 将 a^3 与 a^2 相乘，可以表示为 $a^3 \cdot a^2$，或更详细地写成$(aaa)\cdot(aa)$. 这表示 aaa 的乘积与另一个 aa 的乘积相乘. 将一个数与一个乘积相乘，可以用这个数乘以乘积中的第一个因数，其结果再乘以第二个因数，依此类推. 因此

$$a^3 \cdot a^2=(aaa)\cdot aa$$

也可以不加括号，因为即使没有括号，也不会影响运算顺序

$$a^3 \cdot a^2=aaaaa=a^5$$

我们看到，乘积的指数等于各乘数的指数之和.

再举一个例子：x^3 乘以 x^4. 与前一种情况相同，我们得到

$$x^3 \cdot x^4=(xxx)\cdot(xxxx)=xxxxxxx=x^7$$

一般来说，a^m 与 a^n 的乘积为

$$a^m \cdot a^n=a^{(m+n)}$$

所以，同底数幂相乘，底数不变，其指数是乘数的指数之和. 因此

$$m^2m^3=m^5,x^3x=x^4,y^2yy^3=y^6$$

(2) 将下列式子相乘

$$3ax^2\cdot(-5abx)$$

由于单项式 $-5abx$ 是一个乘积，所以先将被乘数乘以第一个因数 -5，再将结果乘以第二个因数 a，依此类推. 因此

$$3ax^2\cdot(-5abx)=3ax^2\cdot(-5)\cdot abx$$

在这个乘积中,利用乘法结合律,将这个式子分成如下几组

$$(+3)\cdot(-5)\cdot(aa)\cdot b(x^2x)$$

依次相乘,得到 $-15a^2bx^3$.

规则:单项式乘以单项式,先将系数相乘,然后把同底数幂相乘.

例 1 $$0.7a^3x\cdot(3a^4x^2y^2)=2.1a^7x^3y^2$$

例 2 $$-3.5x^2y\cdot\left(\frac{3}{4}x^3\right)=-\frac{21}{8}x^5y$$

§ 46 单项式的平方和立方

所谓一个数的平方或立方即这个数自身相乘两次或三次,例如

$$11^2=11\cdot11=121,\left(-1\frac{1}{2}\right)^2=\left(-1\frac{1}{2}\right)\cdot\left(-1\frac{1}{2}\right)=2\frac{1}{4}$$

$$4^3=4\cdot4\cdot4=64,(-5)^3=(-5)\cdot(-5)\cdot(-5)=-125$$

将此定义应用于单项式的平方和立方.

(1) 求 a^4 的平方或立方.根据定义

$$(a^4)^2=a^4\cdot a^4,(a^4)^3=a^4\cdot a^4\cdot a^4$$

利用同底数幂乘法规则可将这个单项式乘单项式写成

$$(a^4)^2=a^8,(a^4)^3=a^{12}$$

同样,有

$$(a^3)^2=a^6,(a^3)^3=a^9$$

结论

$$(a^m)^2=a^m\cdot a^m=a^{2m},(a^m)^3=a^m\cdot a^m\cdot a^m=a^{3m}$$

也就是说,同底数幂的平方或立方等于底数不变指数相加 2 次或 3 次.例如

$$(4^2)^2=4^4=256,(2^2)^3=2^6=64$$

等等.

(2) 求乘积的平方或立方时,也可以根据这个规则,即

$$(abc)^2=(abc)\cdot(abc),(abc)^3=(abc)\cdot(abc)\cdot(abc)$$

应用乘法的性质,得到

$$(abc)^2=abcabc=(aa)\cdot(bb)\cdot(cc)=a^2b^2c^2$$

$$(abc)^3=abcabcabc=(aaa)\cdot(bbb)\cdot(ccc)=a^3b^3c^3$$

也就是说,乘积的平方或立方,等于乘积中的每一个乘数的平方或立方相

乘.例如

$$(2\cdot3\cdot5)^2=2^2\cdot3^2\cdot5^2=4\cdot9\cdot25=900$$

$$(2\cdot3)^3=2^3\cdot3^3=8\cdot27=216$$

(3) 现在对单项式 $-4a^3bc^4$ 进行平方或立方运算.应用刚刚得出的结论,可得

$$(-4a^3bc^4)^2=(-4)^2(a^3)^2(b)^2(c^4)^2=16a^6b^2c^8$$

$$(-4a^3bc^4)^3=(-4)^3(a^3)^3(b)^3(c^4)^3=-64a^9b^3c^{12}$$

规则:

(1) 一个完整的单项式进行平方运算,先将系数平方,再将字母的幂指数乘以2.

(2) 一个完整的单项式进行立方运算,先将系数立方,再将字母的幂指数乘以3.

§47　多项式乘以单项式

假设我们用一个多项式 $a+b-c$ 乘以某个代数式,例如单项式 m,得

$$(a+b-c)\cdot m$$

应用乘法分配律可得

$$(a+b-c)\cdot m=am+bm-cm$$

规则:一个多项式乘以一个单项式,就是用多项式的每一项乘以该单项式,然后将得到的乘积相加.

由于乘积不会因为乘数顺序的变化而改变,所以这个规则同样也适用于单项式乘以多项式.因此

$$m(a+b-c)=ma+mb-mc$$

例1　$(3x^2-2ax+5a^2)\cdot(-4ax)$.

在这里,多项式与单项式相乘必须遵循单项式相乘的规则,同时还要考虑到符号转化:同号为正,异号为负.

多项式的每一项都要乘以单项式 $-4ax$,则

$$(3x^2)(-4ax)=-12ax^3,(-2ax)(-4ax)=+8a^2x^2$$

$$(+5a^2)(-4ax)=-20a^3x$$

整理得

$$(3x^2-2ax+5a^2)\cdot(-4ax)=-12ax^3+8a^2x^2-20a^3x$$

例2　$(a^2-ab+b^2)\cdot(3a)=a^2(3a)-(ab)(3a)+b^2(3a)$

$$=3a^3-3a^2b+3ab^2$$

例 3 $\left(7x^2+\frac{3}{4}ax-0.3\right)(2.1a^2x)$

$$=(7x^2)(2.1a^2x)+\left(\frac{3}{4}ax\right)(2.1a^2x)-0.3(2.1a^2x)$$

$$=14.7a^2x^3+1.575a^3x^2-0.63a^2x$$

例 4 $2a\left(3a-4ax+\frac{1}{2}x^2\right)=6a^2-8a^2x+ax^2$

§48 多项式乘以多项式

多项式 $a+b-c$ 乘以多项式 $m-n$,可以写成

$$(a+b-c)(m-n)$$

将乘数$(m-n)$看作一个数(或一个单项式),应用多项式乘以单项式的规则,可得

$$(a+b-c)(m-n)=a(m-n)+b(m-n)-c(m-n)$$

所得多项式的每一项都是一个单项式与一个多项式的乘积.再应用之前的规则,得到

$$(am-an)+(bm-bn)-(cm-cn)$$

我们通过加减法规则打开括号,最后得

$$(a+b-c)(m-n)=am-an+bm-bn-cm+cn$$

规则:一个多项式乘以另一个多项式,用第一个多项式的每一项与第二个多项式相乘,然后再把得到的乘积相加.

当然,当第一个多项式的项与第二个多项式相乘时,必须遵循符号规则:同号得正,异号得负.

比如说

$$(a^2-5ab+b^2-3)(a^3-3ab^2+b^3)$$

首先,把被乘数的所有项乘以乘数的第一项,即

$$(a^2-5ab+b^2-3)a^3=a^5-5a^4b+a^3b^2-3a^3$$

然后,把被乘数的所有项乘以乘数的第二项,即

$$(a^2-5ab+b^2-3)(-3ab^2)=-3a^3b^2+15a^2b^3-3ab^4+9ab^2$$

接下来再乘以乘数的第三项,即

$$(a^2-5ab+b^2-3)(+b^3)=a^2b^3-5ab^4+b^5-3b^3$$

最后，整理得到的乘积，合并同类项，得到最终的答案为

$$a^5-5a^4b-2a^3b^2-3a^3+16a^2b^3-8ab^4+9ab^2+b^5-3b^3$$

例 1　$(a-b)(m-n-p)=am-bm-an+bn-ap+bp$

例 2　$(x^2-y^2)(x+y)=x^3-xy^2+x^2y-y^3$

例 3　$(3an+2n^2-4a^2)(n^2-5an)$

$=3an^3+2n^4-4a^2n^2-15a^2n^2-10an^3+20a^3n$

$=-7an^3+2n^4-19a^2n^2+20a^3n$

例 4　$(2a^2-3)^2=(2a^2-3)(2a^2-3)$

$=(2a^2)^2-3(2a^2)-(2a^2)3+9$

$=4a^4-6a^2-6a^2+9=4a^4-12a^2+9$

练　　习

68. $(5a^2b^3)(3ab^4c)$；$\left(\frac{3}{4}ax^3\right)\left(\frac{5}{6}ax^3\right)$.

69. $(0.3abx)(2.7a^2bx^2)$；$(7a^2b^4c)(3ab^3c^2)\left(\frac{1}{21}a^2b\right)$.

70. $\left(\frac{3}{7}mx^2y^3\right)^2$；$(2a^3bx^2)^3$.

71. $(0.1x^my^3)^2$；$\left(\frac{1}{2}m^2ny^3\right)^3$.

72. $(3a^2-2b^3+c)2ab$.

73. $(5a-4a^2b+3a^3b^2-7a^4b^3)5a^2b$.

74. $(a+b-c)(m-n)$；$(2a-b)(3a+b^2)$.

75. $\left(a+\frac{1}{2}b\right)(2a-b)$；$(x^2+xy+y^2)(x-y)$.

76. $(x^2-xy+y^2)(x+y)$.

77. $(2x+3y)(3x-2y)$；$(y-1)(y^3+y^2+y+1)$.

§49　有序多项式

多项式的各项可以按照字母次数的大小进行排序，即按照字母 x 的次数递增或递减排序. 比如，多项式 $1+2x+3x^2-x^3$ 是按照字母 x 的次数递增排序的. 这个多项式也可以写成按照字母 x 的次数递减的形式，即

$$-x^3+3x^2+2x+1$$

按照一个字母的次数排序的多项式，这个字母叫作首字母.含有首字母最高次幂的项叫作这个多项式的最高次项；含有首字母最小次幂的项或者不含字母的项，叫作这个多项式的最低次项.

§50　有序多项式的乘法

计算有序多项式相乘的一种简便的方式如下：

例如 $3x-5+7x^2-x^3$ 乘 $2-8x^2+x$.

将两个多项式都按 x 的次数降幂排列，将乘数项写在被乘数项的下面，再在它们下面划一道横线，即

$$\begin{array}{r}
-x^3+7x^2+3x-5 \\
-8x^2+x+2 \\
\hline
8x^5-56x^4-24x^3+40x^2 \qquad\qquad \\
-x^4+7x^3+3x^2-5x \qquad \\
-2x^3+14x^2+6x-10 \\
\hline
8x^5-57x^4-19x^3+57x^2+x-10
\end{array}$$

将被乘数项的所有项都乘以乘数项的第一项(乘以 $-8x^2$)，得到的乘积写到横线下的第一行.然后，将被乘数项的所有项都乘以乘数项的第二项(乘以 $+x$)，将得到的第二个乘积写在第一个乘积的下一行，同类项上下对齐，以此类推计算剩余项的乘积.在最后一个乘积的下面画一条横线，再把各个乘积相加，写出最终的结果.

也可以将两个多项式按照字母次数升幂的形式来排列，然后按照上述方法进行运算.

§51　乘积的最高次项与最低次项

分析上面的例子可以得出：

乘积的最高次项等于被乘数项的最高次项与乘数项的最高次项之积.

乘积的最低次项等于被乘数项的最低次项与乘数项的最低次项之积.

由于乘积中所有其他项的次数都比最高次项的小，但比最低次项的大，因此最高次项和最低次项没有同类项.

乘积中的其他项可能是合并同类项得到的，甚至会出现这样的情况，合并同

类项之后除了最高次项和最低次项，其他的项都消去了，正如下面的例子所示

$$
\begin{array}{l}
x^4+ax^3+a^2x^2+a^3x+a^4 \\
\qquad\qquad\qquad\qquad x-a \\
\hline
x^5+ax^4+a^2x^3+a^3x^2+a^4x \\
\quad -ax^4-a^2x^3-a^3x^2-a^4x-a^5 \\
\hline
x^5 \qquad\qquad\qquad\qquad\qquad -a^5=x^5-a^5
\end{array}
$$

§52　乘积中项的数量

一个有5项的多项式乘以一个有3项的多项式，通过将被乘数项乘以乘数项的第一项，我们得到了5个乘积项. 然后将被乘数项乘以乘数项的第二项，我们又得到5个乘积项，以此类推，这意味着乘积中的总项数是5・3，也就是15. 由于乘积中的最高次项和最低次项不可能消去，而所有其他的项都可能被消去，所以乘积中的项数不可能少于两个.

练　　习

78. 按字母x的降幂排列以下多项式中的各项并求其乘积：$24x+6x^2+x^3+60$ 和 $12x-6x^2+12+x^3$.

79. $(x^5-x^3+x-1)(x^4+x^2-1)$.

80. $(x^5-ax^4+a^2x^3-a^3x^2+a^4x-a^5)(x+a)$.

§53　一些二项式的乘法公式

以下两个乘法公式是很有用的.

(1)
$$
\begin{aligned}
(a+b)^2&=(a+b)(a+b)=a^2+ab+ab+b^2\\
&=a^2+2ab+b^2
\end{aligned}
$$

例如

$$17^2=(10+7)^2=10^2+2\cdot10\cdot7+7^2=100+140+49=289$$

因此，两个数之和的平方等于第一个数的平方加上第一个数与第二个数之积的2倍，再加上第二个数的平方.

(2)
$$
\begin{aligned}
(a-b)^2&=(a-b)(a-b)=a^2-ab-ab+b^2\\
&=a^2-2ab+b^2
\end{aligned}
$$

比如说

$$19^2=(20-1)^2=20^2-2\cdot 20\cdot 1+1^2=400-40+1=361$$

因此,两个数之差的平方等于第一个数的平方减去第一个数与第二个数之积的2倍,再加上第二个数的平方.

由于代数中,两个数之差总可以表示为和的形式,所以上面的两个公式可以合二为一,更一般地表述为:

二项式的平方等于第一项的平方加上第一项与第二项之积的2倍,再加上第二项的平方.

唯一要记住的是,计算时表达式中的每一项都要带上符号.

比如说

$$(2ab-c^2)^2=(2ab)^2+2(2ab)(-c^2)+(-c^2)^2$$
$$=4a^2b^2-4abc^2+c^4$$
$$(-m+3n^3)^2=(-m)^2+2(-m)(3n^3)+(3n^3)^2$$
$$=m^2-6mn^3+9n^6$$

(3) $(a+b)(a-b)=a^2+ab-ab-b^2=a^2-b^2$.

例如

$$25\cdot 15=(20+5)\cdot(20-5)=20^2-5^2=400-25=375$$

因此,两个数之和与它们的差的乘积等于这两个数的平方之差.

§54 乘法公式的应用

上述公式用于多项式的计算,有时比普通方法更简便.

例1 $(4a^3-1)^2=(4a^3)^2-2(4a^3)+1=16a^6-8a^3+1$

例2 $(x+y)(y-x)=y^2-x^2$

例3 $(x+y+1)(x-y+1)=(x+1)^2-y^2=x^2+2x+1-y^2$

例4 $(a-b+c)(a+b-c)=a^2-(b-c)^2=a^2-(b^2-2bc+c^2)$

$$=a^2-b^2+2bc-c^2$$

练习

81. $(a+1)^2$;$(1+2a)^2$;$(x+1/2)^2$.

82. $(3a^2+1)^2$;$(0.1mx+5x^2)^2$.

83. $(5a-2)^2$;$(3x-2a)^2$;$(3a^2-1/2)^2$.

84. 利用$(a+b)^2$和$(a-b)^2$的公式,求以下各数的平方:101^2;997^2;96^2;

57^2；72^2；89^2.

85. $(2m-3n)^2$；$(3a^2x-4ay)^2$；$\left(0.2x^3-\frac{3}{8}\right)^2$.

86. $\left(\frac{1}{2}x^2-3\frac{1}{3}x\right)^2$；$(0.25p-0.2q)^2$.

87. $(a+1)(a-1)$；$(2a+5)(2a-5)$.

88. $(2x-3)(3+2x)$；$(a^2+1)(1-a^2)$.

化简以下乘积：

89. $(x^2+1)(x+1)(x-1)$；$(4x^2+y^2)(2x+y)(2x-y)$.

90. $(m+n-p)(m+n+p)$；$[a+(b+c)][a-(b+c)]$.

§55　两个数的和或差的立方

在两个数平方的乘法公式基础上，我们得到以下两个公式.

(1) $(a+b)^3=(a+b)^2(a+b)=(a^2+2ab+b^2)(a+b)$

$$=a^3+\underline{2a^2b}+\underline{\underline{ab^2}}+\underline{a^2b}+\underline{\underline{2ab^2}}+b^3=a^3+3a^2b+3ab^2+b^3$$

即两个数之和的立方等于第一个数的立方加上第一个数的平方与第二个数之积的3倍，加上第一个数与第二个数的平方之积的3倍，再加上第二个数的立方.

比如说

$$\begin{aligned}11^3&=(10+1)^3=10^3+3\cdot10^2+3\cdot10+1\\&=1\ 000+300+30+1=1\ 331\end{aligned}$$

(2) $(a-b)^3=(a-b)^2(a-b)=(a^2-2ab+b^2)(a-b)$

$$=a^3-\underline{2a^2b}+\underline{\underline{ab^2}}-\underline{a^2b}+\underline{\underline{2ab^2}}-b^3=a^3-3a^2b+3ab^2-b^3$$

即两个数之差的立方等于第一个数的立方减去第一个数的平方与第二个数之积的3倍，加上第一个数与第二个数的平方之积的3倍，再减去第二个数的立方.

比如说

$$\begin{aligned}29^3&=(30-1)^3=30^3-3\cdot30^2\cdot1+3\cdot30\cdot1^2-1^3\\&=27\ 000-2\ 700+90-1=24\ 389\end{aligned}$$

对于上面两个公式，如果我们把减去一个数视为加上这个数的相反数，那么我们就可以把它们合并为一种更一般的表述：

二项式的立方等于第一项的立方加上第一项的平方与第二项之积的3倍，

加上第一项与第二项的平方之积的3倍，再加上第二项的立方.

比如说

$$(2a-3b)^3=(2a)^3+3(2a)^2(-3b)+3(2a)(-3b)^2+(-3b)^3$$
$$=8a^3-36a^2b+54ab^2-27b^3$$

练　　习

91. $(a+1)^3$；$(a-1)^3$；$(2x+3)^3$；$(5+3x)^3$.

92. $\left(\frac{1}{2}m-2\right)^3$；$\left(\frac{3}{4}p+\frac{1}{3}q\right)^3$；$(5-3x)^3$.

第4节　单项式与多项式的除法

§56　单项式除以单项式

(1) 计算除法

$$a^5:a^2$$

因为被除数除以除数等于商，所以商乘以除数(a^2)等于被除数. 商的底数是a，其次数加2就是5，所以次数等于$5-2$的差.

也就是说

$$a^5:a^2=a^{5-2}=a^3$$

类似地，我们有

$$x^3:x^2=x, y^4:y=y^3$$

所以，同底数幂的两个数相除，其商的底数不变，指数等于被除数与除数的指数之差. 简而言之，同底数幂相除，底数不变，指数相减.

(2) 计算除法

$$12a^3b^2x:4a^2b^2$$

根据除法的定义，当商乘以除数时，应该等于被除数.

所以未知的商的系数应该是$12:4$，也就是3；字母a的指数是被除数与除数中字母a的指数的差，字母b被约去，x保留.

因此：$12a^3b^2x:4a^2b^2=3ax$.

检验：$3ax\cdot 4a^2b^2=12a^3b^2x$.

所以上述除法正确.

两式相除，要把被除数与除数中相同的字母约分，并将被除数中出现除数中未出现的字母保留在商中，其指数不变.

例 1　$3m^3n^4x : 4m^2nx = \frac{3}{4}mn^3$

例 2　$-ax^4y^3 : \left(-\frac{5}{6}axy^2\right) = +\frac{6}{5}x^3y$

例 3　$0.8ax^n : (-0.02ax) = -40x^{n-1}$

§ 57　指数为 0 的情况

两个底数与指数都相同的幂做除法，其商等于 1，例如，$a^3 : a^3 = 1$，这是因为 $a^3 = a^3 \cdot 1$.

根据同底数幂相除的法则，我们又得到 $a^3 : a^3 = a^{3-3} = a^0$. 此时，就出现指数为 0 的情形，但是我们之前没有赋予 0 指数幂意义，因为无法将一个数字重复相乘 0 次. 我们默认 a^0 表示 a 的相同次幂的商，由于这个商是 1，所以我们规定 a^0 等于 1.

§ 58　单项式相除，但不能整除的情形

如果两个单项式相除，其商不是单项式，那么就说这两个单项式不能整除. 在下面这两种情况下，两个单项式是不能整除的.

(1) 除式中含有被除式中没有的字母. 例如，$4ab^2$ 除以 $2ax$ 不能得到一个单项式，因为任何一个单项式乘以 $2ax$，其乘积中就会包含字母 x，而我们的被除式中没有这样的字母.

(2) 除式中某一个字母的指数大于被除式中这个字母的指数. 例如，$10a^3b^2 : 5ab^3$ 就不能整除，因为无论商是什么，当它与除式相乘时，其积中字母 b 的指数都不小于 3，而被除式中这个字母的指数只是 2.

当两个单项式相除，且不能整除时，其商可以用分式来表示，例如，$4a$ 除以 $5b$ 可以写成

$$4a : 5b \text{ 或者 } \frac{4a}{5b}$$

练　　习

93. $8a^5x^3y : 4a^3x^2$；$3ax^3 : (-5ax)$.

94. $a^8b:\left(-\frac{5}{6}a^5b\right)$；$12a^mb^3:4ab$.

§59　多项式除以单项式

假设我们想用多项式 $a+b-c$ 除以某个单项式，用一个字母 m 表示这个单项式，即有

$$(a+b-c):m,\text{或者}\frac{a+b-c}{m}$$

多项式 $a+b-c$ 是一个代数和，要计算一个代数和除以某个数，你可以用和中的每一项分别除以这个数. 因此

$$\frac{a+b-c}{m}=\frac{a}{m}+\frac{b}{m}-\frac{c}{m}$$

通过以下方式可以验证上式正确：$\frac{a}{m}+\frac{b}{m}-\frac{c}{m}$ 乘以 m 等于 $a+b-c$.

法则：一个多项式除以单项式，等于多项式中的每一项除以这个单项式再做和.

例 1　$$(20a^3-8a^2-a):4a=5a^2-2a-\frac{1}{4}$$

例 2　$$(4x^2-2x+10):2x=2x-1+\frac{5}{x}$$

例 3　$$\left(\frac{1}{2}x^3-0.3x^2+1\right):2x^2=\frac{1}{4}x-0.15+\frac{1}{2x^2}$$

练　　习

95. $(4a^2b+6ab^2-12a^3b^5):\frac{3}{4}ab$.

96. $(36a^2x^5-24a^3x^4+4a^4x^3):4a^2x^3$.

97. $(3a^2y-6a^2y^2+3a^2y^3-3a^2y^4):3a^2y$.

§60　单项式除以多项式

一个单项式 a 除以多项式 $b+c-d$，它的商既不是单项式也不能是多项式，因为假设商等于某个单项式或多项式，那么用这个商乘以多项式 $b+c-d$，我们也会得到一个多项式，而不能是单项式(参见 §45 和 §47). a 除以 $b+c-d$

的商，用除号表示如下

$$a:(b+c-d)\text{ 或 }\frac{a}{b+c-d}$$

§61　多项式除以多项式

多项式除以多项式只有在特殊情况下才能得到一个多项式，例如

$$(a^2+2ab+b^2):(a+b)=a+b$$

这是因为

$$a^2+2ab+b^2=(a+b)^2$$

在一般的情况下，两个多项式相除可以写成分式形式，例如，多项式 $a-b+c$ 除以 $d-e$，就可以写成如下形式

$$\frac{a-b+c}{d-e}\text{，或者}(a-b+c):(d-e)$$

§62　排序多项式的除法

两个多项式相除，其商有时仍可以是一个多项式，让我们用下面的例子来说明如何做这样的除法. 计算

$$(6x^4-19x^3+5x^2+17x-4):(3x^2-5x+1)$$

用字母 x 的降幂写出这两个多项式，并类似于整数除法的过程进行计算. 把"第 1 个余式，第 2 个余式，第 3 个余式"分别写在横线的下面，即

$$\begin{array}{r|l}
6x^4-19x^3+5x^2+17x-4 & 3x^2-5x+1 \\
\underline{-6x^4+10x^3-2x^2\qquad\qquad} & 2x^2-3x-4 \\
-9x^3+3x^2+17x-4 & \\
\underline{+9x^3-15x^2+3x\qquad} & \\
-12x^2+20x-4 & \\
\underline{12x^2-20x+4} & \\
0 &
\end{array}$$

假设所求的商是一个多项式，并且该多项式的项也是按 x 的降幂排序.

被除式必须等于除式与商的乘积. 由多项式的乘法，我们知道，乘积的最高项等于被乘式的最高次项与乘式的最高次项之积. 被除式的最高次项是其第 1 项，而除式和商的最高次项也是第 1 项. 所以被除式的第 1 项 $(6x^4)$ 是除式的第

1 项($3x^2$) 与商的第 1 项之积. 因此, 要找到商的第 1 项, 只需用被除式的第 1 项除以除式的第 1 项. 通过相除, 我们得到商的第 1 项 $2x^2$, 把它写在除式的下面.

除式的所有项都乘以商的第 1 项, 把所得结果的各项取相反符号后写在被除式的下面, 并使同类项与同类项上下对齐, 然后与被除式做和, 我们得到了第 1 个余式. 如果这个余式等于零, 就意味着商中除了这个已求出的第 1 项之外没有其他项, 也就是说, 此时商是一个单项式. 但是, 如果像我们的例子一样, 第 1 个余式不是零, 那么我们就继续如此做下去.

被除式是除式的所有项与商的每项之积的和. 我们已经从被除式中减去了除式的所有项与商的第 1 项的乘积, 因此, 第一个余式是除式的所有项与商的第 2 项、第 3 项及其余各项的乘积. 第 1 个余式中的最高次项是其第 1 项; 除式的最高次项也是其第 1 项, 此时商中的最高次项(除去了第 1 项) 是其第 2 项. 所以第 1 个余式的第 1 项($-9x^3$) 等于除式的第 1 项与商的第 2 项之积. 因此, 我们得出结论: 要找到商的第 2 项, 只需用第 1 个余式的第 1 项除以除式的第 1 项. 通过相除, 我们发现商的第 2 项是 $-3x$. 我们把它写在商的第 2 项的位置上.

然后用第 1 个余式减去除式的所有项与商的第 2 项之积, 我们就得到了第 2 个余式. 如果这个余式是零, 那么除法就结束了, 商就是由这两项构成的多项式; 如果像我们的例子一样, 第 2 个余式不是零, 那么就以此类推做下去.

第 2 个余式是除式的所有项与商的第 3 项、第 4 项及其他各项之积. 由第 2 个余式的最高次项(即第 1 项) 是除式的最高次项与商的第 3 项之积, 我们用第 2 个余式的第 1 项除以除式的第 1 项, 将找到商的第 3 项. 通过相除, 我们得到 -4. 再将除式的所有项乘以 -4, 然后用第 2 个余式减去这个乘积, 我们得到第 3 个余式. 在我们的例子中, 这个余式是零, 这表明在商中除了所求的这些项之外, 不可能有其他项. 如果第 3 个余式不是零, 那么我们就用这个余式的第 1 项除以除式的第 1 项, 这将求出商的第 4 项, 以此类推.

我们也可以把被除式和除式按照同一字母的升幂排序, 然后按上面的做法进行商的计算, 这样做基于的事实是, 两式乘积的最低次项等于第一个因式的最低次项与第二个因式的最低次项之积.

例 1

$$
\begin{array}{r|l}
28x^4-13ax^3-26a^2x^2+15a^3x & 7x^2+2ax-5a^2 \\
\cline{2-2}
-8ax^3+20a^2x^2 & 4x^2-3ax \\
\hline
-21ax^3-6a^2x^2+15a^3x & \\
+6a^2x^2-15a^3x & \\
\hline
0 &
\end{array}
$$

我们在这里没有写出除式的第一项与商的第一项和第二项等的乘积，因为这些乘积总是等于相应被除式的第一项，并且总是通过做差而相互消去. 再看两个一般的例子.

例 2

$$
\begin{array}{r|l}
x^3-a^3 & x-a \\ \cline{2-2}
+ax^2 & x^2+ax+a^2 \\ \hline
ax^2-a^3 & \\
+a^2x & \\ \hline
a^2x-a^3 & \\
+a^3 & \\ \hline
0 &
\end{array}
$$

例 3

$$
\begin{array}{r|l}
x^4-a^4 & x-a \\ \cline{2-2}
+ax^3 & x^3+ax^2+a^2x+a^3 \\ \hline
ax^3-a^4 & \\
+a^2x^2 & \\ \hline
a^2x^2-a^4 & \\
+a^3x & \\ \hline
a^3x-a^4 & \\
+a^4 & \\ \hline
0 &
\end{array}
$$

同样，我们也可以看到，x^5-a^5，x^6-a^6… 除以 $x-a$ 的差的余式是 0. 而一般来说，x^m-a^m 除以 $x-a$ 的差余式都是 0，也就是说，两个数的同次幂之差除以这两个数的差余式为 0.

§63 多项式相除不能得到多项式的情形

多项式除以多项式在以下情况不能得到或者无法判断是否能得到多项式.

(1) 如果被除式的最高次项中首字母的次数小于除式的最高次项中同一字母的次数，那么你就找不到商的最高次项.

(2) 如果被除式的最低次项中首字母的次数小于除式的最低次项中同一字母的次数，那么你就找不到商的最低次项.

(3) 如果被除式的首字母的最高次项和最低次项的次数分别不小于除式中该字母的最高次项和最低次项的次数，那么我们也不能说一定会整除. 在这种情况下，为了判断是否能够整除，应该直接进行计算，直到最后才能确定能否得到多项式形式的商.

练　　习

98. $(x^2-3x-4):(x+1)$；$(y^2-y-2):(y-2)$.

99. $(6x^3+2-3x^2-4x):(2x-1)$.

100. $(3ax^5-15a^2x^4+6a^3x^3):(x^2-5ax+2a^2)$.

101. $(x^6-a^6):(x^5+ax^4+a^2x^3+a^3x^2+a^4x+a^5)$.

第5节　因式分解

§64　一个通俗的解释

我们已经看到，在代数中做除法时，有时商只能用带有除号的代数式表示，比如，$\frac{a}{b}$，$\frac{2x}{3a}$，$\frac{x^2-4x+y^2}{x+y}$. 这种表示习惯性地称为代数中的分数，即分式.

我们很快就会看到，分式和算术中的分数一样，有时可以通过约分进行化简，即把被除式和除式都除以它们的公因式(如果有公因式的话，约分可以毫无困难地进行，必要时先将代数式分解成乘积的形式，就像在算术中要约分时，需将整数写成各因数的连乘积一样).

§65　整系数单项式的分解

取一个整系数单项式，如 $6a^2b^3$. 由于它是一个乘积，我们可以立即将它分解为其各因子乘积的形式，因此

$$6a^2b^3=2\cdot3(aa)(bbb)=2\cdot3aabbb$$

通过将这些因子重新组合(使用乘法的运算性质，交换律和结合律)，我们可以得到这个单项式的各种形式，例如

$$6a^2b^3=(6a)(ab^3)=(2a^2b)(3b^2)=(3ab^2)(2ab)$$

等等.

§66　多项式的因式分解

让我们看看最简单的情况，即分解为一个多项式乘以一个数的形式.

(1) 因为

$$(a+b-c)m = am + bm - cm$$

那么显然有

$$am + bm - cm = (a+b-c)m$$

因此,如果一个多项式的所有项都有相同的因式,那么它可以从括号中提出来.比如说

$$x^6 - 2x^2 + 3x = x(x^5 - 2x + 3)$$

$$16a^2 - 4a^3 = 4a^2(4-a)$$

$$5m(x-1) + 3n(x-1) = (x-1)(5m+3n)$$

(2) 已知

$$(a+b)(a-b) = a^2 - b^2$$

那么也就有

$$a^2 - b^2 = (a+b)(a-b)$$

因此,如果二项式是一个数的平方减去另一个数的平方的形式,那么它就可以用这两个数的和及差的乘积来代替.例如

$$x^2 - 4 = x^2 - 2^2 = (x+2)(x-2)$$

$$y^2 - 1 = y^2 - 1^2 = (y+1)(y-1)$$

$$9a^2 - \frac{1}{4} = (3a)^2 - \left(\frac{1}{2}\right)^2 = \left(3a + \frac{1}{2}\right)\left(3a - \frac{1}{2}\right)$$

$$25x^2 - 0.01 = (5x)^2 - (0.1)^2 = (5x+0.1)(5x-0.1)$$

$$\begin{aligned} m^4 - n^4 &= (m^2)^2 - (n^2)^2 \\ &= (m^2+n^2)(m^2-n^2) \\ &= (m^2+n^2)(m+n)(m-n) \end{aligned}$$

$$\begin{aligned} x^2 - (x-1)^2 &= [x+(x-1)][x-(x-1)] \\ &= (x+x-1)(x-x+1) = 2x-1 \end{aligned}$$

又

$$(a+b)^2 = a^2 + 2ab + b^2, a^2 - 2ab + b^2 = (a-b)^2$$

那么反之有

$$a^2 + 2ab + b^2 = (a+b)^2 = (a+b)(a+b)$$

$$a^2 - 2ab + b^2 = (a-b)^2 = (a-b)(a-b)$$

因此,两个数的平方和与这两个数之积的2倍做和(或差),就可以用这两个数的和(或差)的平方来代替.

例 1 a^2+2a+1.

因为

$$1=1^2, 2a=2\cdot a\cdot 1$$

所以

$$a^2+2a+1=(a+1)^2$$

例 2 x^4+4-4x^2.

这里 $x^4=(x^2)^2, 4=2^2, 4x^2=2x^2\cdot 2$,因此

$$x^4+4-4x^2=(x^2-2)^2$$

我们也可以写成 $x^4+4-4x^2=(2-x^2)^2$,因为 x^2-2 和 $2-x^2$ 的平方,所得到的三项式只是在项的顺序上有所不同,其本质是一样的,即

$$(x^2-2)^2=x^4-4x^2+4, (2-x^2)^2=4-4x^2+x^4$$

例 3 $-x+25x^2+0.01$.

这里有两个平方项:$25x^2=(5x)^2, 0.01=0.1^2$. 又 $5x$ 和 0.1 之积的 2 倍是 $2\cdot 5x\cdot 0.1=x$.

因为在这三项中,两个平方项都是"+"号,而 2 倍的乘积项(即 x)是"−"号,所以

$$-x+25x^2+0.01=25x^2-x+0.01=(5x-0.1)^2=(0.1-5x)^2$$

例 4 $-x^2-y^2+2xy$.

把"−"号放在括号的外面得 $-(x^2+y^2-2xy)$. 括号中的三项显然是 $(x-y)^2$. 所以

$$-x^2-y^2+2xy=-(x^2+y^2-2xy)=-(x-y)^2=-(y-x)^2$$

例 5 有时可以将多项式中的项先进行组合然后再分解. 例如

$$\begin{aligned}ax+ay+bx+by&=(ax+ay)+(bx+by)\\&=a(x+y)+b(x+y)=(x+y)(a+b)\end{aligned}$$

$$\begin{aligned}12-4x-3x^2+x^3&=(12-4x)-(3x^2-x^3)=4(3-x)-x^2(3-x)\\&=(3-x)(4-x^2)=(3-x)(2+x)(2-x)\end{aligned}$$

$$\begin{aligned}m^2+n^2-2mn-p^2&=(m^2+n^2-2mn)-p^2\\&=(m-n)^2-p^2=(m-n+p)(m-n-p)\end{aligned}$$

$$\begin{aligned}x^2-y^2+6y-9&=x^2-(y^2-6y+9)=x^2-(y-3)^2\\&=[x+(y-3)][x-(y-3)]=(x+y-3)(x-y+3)\end{aligned}$$

例 6 有时需要添加辅助项后重新组合,然后再进行分解. 例如

$$\begin{aligned}a^3-b^3&=a^3-a^2b+a^2b-b^3\\&=a^2(a-b)+b(a^2-b^2)=a^2(a-b)+b(a+b)(a-b)\end{aligned}$$

$$=(a-b)[a^2+b(a+b)]=(a-b)(a^2+ab+b^2)$$

$$a^3+b^3=a^3+a^2b-a^2b+b^3$$
$$=a^2(a+b)-b(a^2-b^2)=(a+b)[a^2-b(a-b)]$$
$$=(a+b)(a^2-ab+b^2)$$

$$2x^2+3xy+y^2=2x^2+2xy+xy+y^2$$
$$=2x(x+y)+y(x+y)=(x+y)(2x+y)$$

练　　习

102. $2a+2x$；$ax+ay$；$4y^2-6xy$.
103. $4ax-2ay$；$6x^2y+9xy^2$.
104. $12a^2b-9a^2b^2-6ab^3$；$xy^2-7xy+4x^2y$.
105. m^2-n^2；a^2-1；$1-a^2$.
106. x^2-4；m^2-9；$4x^2-y^2$.
107. $\frac{1}{4}x^4-\frac{1}{9}y^6$；$0.01a^6-9$；$3a^5-48ab^8$.
108. $(x-y)^2-a^2$；$9(a+2b)^2-1$；$a^2-(b+c)^2$.
109. $(x+y)^2-(x-y)^2$；$16x^2-4(x+y)^2$.
110. $x^2-2xy+y^2$；m^2+n^2+2mn.
111. $2ab+a^2+b^2$；$a^2-4ab+4b^2$.
112. $x^2+8x+16$；x^2+1+2x.
113. $5a^3-20a^2b+20ab^2$.
114. $a^2+2ab+b^2-c^2$；$a^2-b^2-2bc-c^2$.
115. $ax+bx+ay+by$；$ac-ad+bd-bc$.
116. $a^2+ab-a-b$；$xz-3y-3z+xy$.
117. $4mn+xy-2nx-2my$；$8a^3-12a^2-18a+27$（视为 3^3）.

第6节　分　式

§67　分式和算术分数的区别

两个代数表达式相除的商称为分式.例如,下面这些都是分式

$$\frac{a}{b},\frac{a+b}{c-d},\frac{2x^2-x+5}{x+2}$$

考虑分式的一些特点,例如,我们取分式$\frac{a}{b}$.在 $a=12$ 和 $b=4$ 时,$a=3$ 和 $b=7$ 时, $a=-20$ 和 $b=30$ 时,$a=0$ 和 $b=3$ 时.我们得到的值分别为 $3,\frac{3}{7}$,$-\frac{2}{3}$,0.因此,分式的值可以是整数或分数,可以是正数或负数,也可以是零.

由于a和b可以根据具体问题取所有可能的数,也就是说,分式的分子和分母可以是整数或分数,也可以是正数或负数,分子也可以是零,但如果分母是零,那么这个分数就没有意义(因为零不能做除数).

因此,分式的概念比算术中分数的概念要更广泛,后者可以看作分式的一个特例.

§68　分式的基本性质

由于分数是分子除以分母的商,而商不会因为被除数和除数同时乘以(或除以)相同的数(零除外,见 §34)而改变.同样,这个性质也适用于分式,也就是说,分式的分子和分母同时乘以(或除以)相同的数(零除外),分式的值不会改变.

例如,如果我们将分式$\frac{-\frac{2}{3}}{\frac{7}{5}}$的分子和分母都乘以$-\frac{4}{9}$.没乘之前的值是

$$-\frac{2}{3}:\frac{7}{5}=-\frac{10}{21}$$

新的分数是

$$\left[\left(-\frac{2}{3}\right)\cdot\left(-\frac{4}{9}\right)\right]:\left[\frac{7}{5}\cdot\left(-\frac{4}{9}\right)\right]=\left(+\frac{8}{27}\right):\left(-\frac{28}{45}\right)$$
$$=-\frac{8\cdot 45}{27\cdot 28}=-\frac{8\cdot 5}{3\cdot 28}=-\frac{2\cdot 5}{3\cdot 7}=-\frac{10}{21}$$

我们看到，这两个分式的值保持不变.

利用分式的这一特性，可以对其进行与算术中一样的化简，也就是说，如果可能的话，我们可以将分式的分子和分母同时乘以或除以同一个式子. 特别地，利用这个性质可以将多个分式化为同分母的形式.

§69　将分式化为整式形式

如果分式的分子或分母本身恰好含有分数或分式，那么通过将它们与一个适当的数或代数表达式相乘，就可以把分数或分式的分子和分母化成整系数的整式形式. 比如说：

(1) $\dfrac{\frac{3}{4}a}{b}$，将其分子和分母同时乘以 4，得到$\dfrac{3a}{4b}$.

(2) $\dfrac{\frac{2}{3}m}{\frac{7}{8}n}$，将其分子和分母同时乘以 24，得到$\dfrac{16m}{21n}$.

(3) $\dfrac{ax-1}{1-\frac{1}{x}}$，将其分子和分母同时乘以 x，得到$\dfrac{ax^2-x}{x-1}$.

练　　习

把下列分式的分子和分母化成整系数的整式形式：

118. $\dfrac{\frac{5}{7}x}{y}$；$\dfrac{0.3ab}{m}$；$\dfrac{a^3}{1\frac{3}{8}b}$；$\dfrac{m}{2.36m}$.

119. $\dfrac{\frac{3}{4}ab}{\frac{5}{6}x^2}$；$\dfrac{3\frac{1}{2}a^3}{3\frac{3}{4}b}$；$\dfrac{3x-\frac{1}{4}}{a-b}$.

120. $\dfrac{2\dfrac{1}{8}(a+b)}{4\dfrac{1}{4}}$；$\dfrac{3a-\dfrac{7}{3}}{1-\dfrac{1}{6}a}$.

121. $\dfrac{ax+b+\dfrac{c}{x}}{ax+1}$；$\dfrac{1+\dfrac{a}{x}-\dfrac{b}{x^2}}{1-\dfrac{1}{x}}$.

§70 分式变号

分式的分子和分母同时变化符号，就相当于把它们都乘以-1，不会改变分式的值. 例如，$\dfrac{-8}{-4}=2$ 与 $\dfrac{+8}{+4}=2$；$\dfrac{-10}{+2}=-5$ 与 $\dfrac{+10}{-2}=-5$.

请注意，如果我们改变分式中分子或者分母其中一项的符号，同时改变分式本身的符号，那么分式的值也将保持不变，例如

$$\frac{-10}{+2}=-5,\ -\frac{-10}{-2}=-5,\ -\frac{+10}{-2}=-5$$

分式的这些特性有时可以用来化简代数表达式，例如

$$\frac{m^2-n^2}{n-m}=-\frac{m^2-n^2}{-(n-m)}=-\frac{(m+n)(m-n)}{m-n}=-(m+n)$$

练　　习

给下列分式的分子和分母变号.

122. $\dfrac{1-x}{-x}$；$\dfrac{-3a^2}{a-b}$；$\dfrac{1-a}{2-b}$.

123. $\dfrac{-a^2-b^2+2ab}{b-a}$；$\dfrac{1-m^2}{-m+1}$.

124. 在不改变分式值的情况下，在每个分式的前面加一个“—”号.

$\dfrac{-3a}{6}$；$\dfrac{5x^2}{-3}$；$\dfrac{1-a}{b}$；$\dfrac{a}{2-x}$；$\dfrac{m^2-n^2}{n-m}$.

§71 约分

如果一个分式的分子和分母含有公因式，则可以将其化成更简单的形式. 例如

$$\frac{48ab}{60ac}=\frac{4b}{5c},\frac{3a^2b}{7a^3b}=\frac{3}{7a},\frac{160a^5b^2cd^2}{120a^3b^5c}=\frac{4a^2d^2}{3b^3}$$

从所举的例子中可以看出，当分式约分时，分子和分母同时除以一个公因式，其共同含有的字母因子降低了相同的次数.

如果一个分式的分子或分母（或两者）是多项式，那么首先必须将多项式因式分解（如 §66 所述），分解后如果分子、分母有相同的因式，那么就可以进行约分. 例如

$$\frac{6x^2+8xy}{9xy+12y^2}=\frac{2x(3x+4y)}{3y(3x+4y)}=\frac{2x}{3y}$$

$$\frac{x^2-1}{2x+2}=\frac{(x+1)(x-1)}{2(x+1)}=\frac{x-1}{2}=\frac{1}{2}(x-1)$$

（乘以$\frac{1}{2}$代替除以 2）

练　　习

对下列分式进行约分：

125. $\frac{7}{7x};\frac{2m}{3m^2};\frac{4a^2b}{6ab^2};\frac{42x^3y^3}{112x^2y^2}$.

126. $\frac{12ab}{8ax};\frac{3a^2bc}{12ab^2};\frac{48a^3x^2y^4}{45a^2xy}$.

127. $\frac{ab}{a^2+ab};\frac{9x^4}{3x^2-3xy};\frac{4a+8}{4a-8}$.

128. $\frac{a^2+a}{a^2-a};\frac{x-3}{x^2-9};\frac{a^2+a}{a^2-1}$.

129. $\frac{x(x-1)^2}{2x^2(x-1)(x+1)};\frac{ax+x^2}{3bx-cx^2};\frac{5a^2+5ax}{a^2-x^2}$.

130. $\frac{(a+b)^2(a-b)^2}{a^2-b^2};\frac{p^2-1}{(1+py)^2-(p+y)^2}$.

§72　将分式化为同分母形式

(1) 一些分式的分母是含有字母的单项式，例如

$$\frac{a}{2b},\frac{c}{3ab},\frac{d}{5ab^2}$$

要把它们变成同分母分式，分母就都要变成 $30ab^2$，将它们的分子和分母分

别乘以 $15ab$，$10b$ 和 6，有

$$\frac{a^{15ab\text{①}}}{2b}=\frac{15a^2b}{30ab^2};\frac{c^{10b}}{3ab}=\frac{10bc}{30ab^2};\frac{d^{6}}{5ab^2}=\frac{6d}{30ab^2}$$

再举一个例子

$$\frac{a}{12b^2c},\frac{3b}{8a^3c^4d^2},\frac{5c}{18ab}$$

公分母中要包含所有的分母. 因此，公分母的最小系数是所有系数的最小公倍数，公分母余下的部分是每个分母所含字母的最高指数幂之积. 这个例子中，各分母的系数分别为 12，8 和 18，其最小公倍数为 72.

各分母字母 a 的最大指数是 3，b 的最大指数是 2，以此类推，得到的公分母为 $72a^3b^2c^4d^2$.

各分母需要乘的因式分别为 $6a^3c^3d^2$，$9b^2$ 和 $4a^2bc^4d^2$，从而有

$$\frac{a^{6a^3c^3d^2}}{12b^2c}=\frac{6a^4c^3d^2}{72a^3b^2c^4d^2},\frac{3b^{9b^2}}{8a^3c^4d^2}=\frac{27b^3}{72a^3b^2c^4d^2},\frac{5c^{4a^2bc^4d^2}}{18ab}=\frac{20a^2bc^5d^2}{72a^3b^2c^4d^2}$$

从这些例子中可以看出：要找到某些分母为单项式的代数式的公分母，可以先找出各分母系数的最小公倍数，然后找出各分母所含字母的最高指数幂.

(2) 分式的分母是多项式的情况，例如

$$\frac{x}{a-b},\frac{y}{a+b},\frac{z}{a^2-b^2}$$

将各式的分母分解因式，前两个不能分解，第三个等于$(a+b)(a-b)$，因此得到公分母 a^2-b^2，从而有

$$\frac{x^{a+b}}{a-b}=\frac{ax+bx}{a^2-b^2},\frac{y^{a-b}}{a+b}=\frac{ay-by}{a^2-b^2},\frac{z}{a^2-b^2}$$

(3) 各分母没有公因式的情况. 这时应该像算术那样做，即公分母就是各式中分母的乘积，通分时，每一个分式的分子就等于原来的分子与其他各式分母的连乘积. 例如

$$\frac{a}{3m},\frac{2b}{5n},\frac{3c}{2p}$$

通分得

$$\frac{a\cdot 5n\cdot 2p}{3m\cdot 5n\cdot 2p},\frac{2b\cdot 3m\cdot 2p}{5n\cdot 3m\cdot 2p},\frac{3c\cdot 3m\cdot 5n}{2p\cdot 3m\cdot 5n}$$

整理得

---

① 此处符号表示分子与分母同乘以这个因式，下同.

$$\frac{10anp}{30mnp},\frac{12bmp}{30mnp},\frac{45cmn}{30mnp}$$

又如

$$\frac{a}{a+b},\frac{b}{a-b}$$

通分得

$$\frac{a(a-b)}{(a+b)(a-b)},\frac{b(a+b)}{(a+b)(a-b)}$$

整理得

$$\frac{a^2-ab}{a^2-b^2},\frac{ab+b^2}{a^2-b^2}$$

练　　习

将下列分式变成同分母形式.

131. $\frac{3}{a},\frac{4}{b};\frac{x}{3y};\frac{y}{4x},\frac{x}{4};\frac{4}{x}$.

132. $\frac{2}{a},\frac{3}{b},\frac{1}{2c};\frac{7x}{4a^2},\frac{2}{3b^2},\frac{4b^2}{5x}$.

133. $\frac{5xy}{3a^2bc},\frac{3ab}{4mx^2y};\frac{x}{4ab},\frac{y}{8a^3b^2}$.

134. $\frac{3}{8ab},3x,\frac{a}{5x^3}$(将 $3x$ 视为$\frac{3x}{1}$).

135. $\frac{x+y}{2x-2y},\frac{x-y}{3x+3y};\frac{1}{m+1},\frac{2}{m^2-1},\frac{3}{m-1}$.

136. $\frac{2}{x^2-2x+1},\frac{3a}{x-1};\frac{1}{x-1},\frac{2}{2x-1},\frac{1}{(x-1)(2x-1)}$.

137. $\frac{x}{28a^3b^2},\frac{y}{21a^2b};\frac{2a}{b(a-b)},\frac{1}{a^2-b^2}$.

§73　分式的加减

根据多项式除以单项式的法则,我们可以这样写

$$\frac{a+b+c}{m}=\frac{a}{m}+\frac{b}{m}+\frac{c}{m},\frac{a-b}{m}=\frac{a}{m}-\frac{b}{m}$$

通过观察等式的两边发现:

(1) 同分母分式相加,分母不变,分子相加.

(2) 同分母分式相减，分母不变，分子相减.

异分母分式相加减时，应先把它们化成同分母分式. 例如：

(1) $\frac{a^{df}}{b}+\frac{c^{bf}}{d}+\frac{e^{bd}}{f}=\frac{adf+cbf+ebd}{bdf}$.

(2) $\frac{3m^{2^{2b}}}{10a^2bc}-\frac{5n^{2^{5ac}}}{4ab^2}=\frac{6bm^2-25acn^2}{20a^2b^2c}$.

(3) $\frac{x+1}{2x-2}-\frac{x^2+3}{2x^2-2}$.

因为第一项的分母为 $2x-2=2(x-1)$.

第二项的分母为 $2x^2-2=2(x^2-1)=2(x+1)(x-1)$.

将第一项的分母乘以 $x+1$，变为同分母 $2(x+1)(x-1)$. 相减得到

$$\frac{(x+1)^2-(x^2+3)}{2(x+1)(x-1)}=\frac{x^2+2x+1-x^2-3}{2(x+1)(x-1)}=\frac{2x-2}{2(x+1)(x-1)}=\frac{1}{x+1}$$

练　　习

138. $\frac{1}{a}+\frac{1}{2b}+\frac{1}{3c}$；$\frac{2}{x^2}+\frac{5}{3x}$；$\frac{a-1}{2}-\frac{2x+3}{4}$.

139. $1-\frac{5}{x}+\frac{2}{x^2}$(将 1 看作$\frac{1}{1}$).

140. $1+\frac{x-1}{2}$；$x-\frac{2(3-x)}{3}$；$1-\frac{2(x-1)}{3}$.

141. $\frac{2+x}{1+2x}-\frac{2-x}{1-2x}-\frac{1+6x}{4x^2-1}$.

142. $\frac{2ab}{a^2-b^2}+\frac{b}{a^2+ab}-\frac{a+b}{a^2-ab}$.

143. 若分式$\frac{m-x}{n-1}=\frac{mn}{m+n}$，求 x.

§74　分式乘法

分式相乘，分子乘分子，分母乘分母. 即

$$\frac{a}{b}\cdot\frac{c}{d}=\frac{ac}{bd} \tag{1}$$

这个法则和算术中的分数乘法法则一致. 因此，这些字母不仅可以指正数，也可以指分数和负数，也就是分式乘法法则对 a,b,c,d 是任何数都成立. 假设

取所有的数都是正分数，例如

$$a=\frac{2}{3}, b=\frac{7}{8}, c=\frac{5}{6}, d=\frac{9}{4}$$

将这些数代入式(1)中，单独算出左右两边的结果，并进行对比. 对于左边，我们有

$$\frac{a}{b}=\frac{2}{3}:\frac{7}{8}=\frac{2\cdot 8}{3\cdot 7}; \frac{c}{d}=\frac{5}{6}:\frac{9}{4}=\frac{5\cdot 4}{6\cdot 9}, \frac{a}{b}\cdot\frac{c}{d}=\frac{2\cdot 8}{3\cdot 7}\cdot\frac{5\cdot 4}{6\cdot 9}=\frac{2\cdot 8\cdot 5\cdot 4}{3\cdot 7\cdot 6\cdot 9}$$

（无须计算出最后的数）

现在计算式(1)的右边，得

$$ac=\frac{2}{3}\cdot\frac{5}{6}=\frac{2\cdot 5}{3\cdot 6}, bd=\frac{7}{8}\cdot\frac{9}{4}=\frac{7\cdot 9}{8\cdot 4}$$

$$\frac{ac}{bd}=\frac{2\cdot 5}{3\cdot 6}:\frac{7\cdot 9}{8\cdot 4}=\frac{2\cdot 5\cdot 8\cdot 4}{3\cdot 6\cdot 7\cdot 9}$$

对比结果，我们发现，它们是相等的，因为根据整数的乘法法则，有 $2\cdot 8\cdot 5\cdot 4=2\cdot 5\cdot 8\cdot 4$，$3\cdot 7\cdot 6\cdot 9=3\cdot 6\cdot 7\cdot 9$. 因此，在这种情况下，等式成立.

现在，假设 a, b, c, d 中的某个数是负的. 例如，$a=-\frac{2}{3}$(b, c 和 d 不变). 那么 $\frac{a}{b}$ 是负的，式(1)左边是负的，但右边的乘积 ac 也变为负的，此时左右两边相等，即式(1)仍然成立. 同理，b, c 和 d 中的某一个变为负的时，式(1)也成立.

上面这个例子可以推广，即无论 a, b, c, d 取什么数，式(1)都成立.

§75　分式的平方和立方

运用分式乘法得到其平方和立方，例如

$$\left(\frac{a}{b}\right)^2=\frac{a}{b}\cdot\frac{a}{b}=\frac{a^2}{b^2}, \left(\frac{a}{b}\right)^3=\frac{a}{b}\cdot\frac{a}{b}\cdot\frac{a}{b}=\frac{a^3}{b^3}$$

由此可知，分式的平方或立方，等于将其分子和分母分别平方或立方.

§76　分数除法

分数除以分数，等于第一个分数的分子乘以第二个分数的分母做分子，第一个分数的分母乘以第二个分数的分子做分母. 即

$$\frac{a}{b}:\frac{c}{d}=\frac{ad}{bc}$$

这个等式对于任意的数 a,b,c,d 都成立，可以简单地验算确定：商乘以除数，可以得到被除数，即

$$\frac{ad}{bc}\cdot\frac{c}{d}=\frac{adc}{bcd}=\frac{a}{b}$$

§ 77　注意事项

(1) 因为$\frac{ad}{bc}=\frac{a}{b}:\frac{c}{d}$，那么除法法则可以用另一种方法表示：

一个分数除以另一个分数，等于第一个分数乘以第二个分数的倒数.

(2) 任何整数都可以看作分数，它们的分子是整数，分母是1，例如，$a=\frac{a}{1}$，$3x^2=\frac{3x^2}{1}$，等等.

因此，我们可以把关于分数的法则用在这些情况中，即某个表达式中有整数，可以把整数化成分数. 例如

$$a:\frac{b}{c}=\frac{a}{1}:\frac{b}{c}=\frac{ac}{b}$$

练　　习

144. $-\frac{3x}{5a}\cdot\frac{10ab}{7x^3}$；$\frac{1-a}{5x^3}\cdot\frac{x^2}{1-a^2}$.

145. $\frac{4x^2y^2}{15n^4a^3}\cdot 45p^2q^2$；$\frac{x^2-1}{3}\cdot\frac{6a}{x+1}$.

146. $\left(a+\frac{ab}{a+b}\right):\left(b-\frac{ab}{a+b}\right)$；$\frac{3a^2b^5c^4}{4x^2y^2z^4}:\frac{4a^4b^3c^2}{3x^4y^2z^2}$.

147. $\frac{12a^4b^2}{5mp}:4ab^2$；$81a^3b^2:\frac{27ab^2}{5x^2y}$.

148. $\frac{a^2+b^2}{a^2-b^2}:\frac{5a^2+b^2}{a+b}$；$\left(x+\frac{xy}{x-y}\right):\left(x-\frac{xy}{x+y}\right)$.

第 4 章　一次方程

第 1 节　方程的一般性质

§ 78　等式和它的性质

在两个数或者两个代数式中间加等号，这些数字或者表达式就叫作等式的部分. 在等号左边的就叫左边部分，在右边的就叫右边部分. 例如

$$a+a+a=a\cdot 3$$

其左边有和式：$a+a+a$，右边有乘积：$3a$.

我们把等式的两个部分分别用一个字母表示，可以得到等式的一些最主要的性质：

(1) 如果 $a=b$，那么 $b=a$，即等式的部分可以交换位置.

(2) 如果 $a=b$，$b=c$，那么 $a=c$，即如果等式两边的两个数或式子分别和第三个数或式子相等，那么它们也相等.

(3) 如果 $a=b$，$m=n$，那么 $a+m=b+n$，$a-m=b-n$，即如果等式两边加上或减去相等的数或式子，等式仍然成立.

(4) 如果 $a=b$，$m=n$，那么 $am=bn$，$\frac{a}{m}=\frac{b}{n}$，即如果等式两边同时乘以或除以相同的数或式子，等式仍然成立.

要注意，等式两边乘以或除以 -1，等式的各部分变换符号. 例如，如果在 $-x=-5$ 的两边都乘以 -1，就得到 $x=5$.

§ 79　恒等式

如果含字母的两个代数式其结果相同，那么这两个代数式恒等. 例如

$$ab \text{ 和 } ba,\ a+(b+c) \text{ 和 } a+b+c$$

如果某个等式两边运算后得到相同的代数表达式,那么这个等式叫作恒等式.例如

$$a+b+c=a+(b+c)$$

对于一个只由数字构成的等式,如果它的左右两边做完给定的运算后得到相同的数,那么这个等式也叫作恒等式.例如

$$(40\cdot5):8=5^2$$

§80　方程

假设要解决这样一个问题:现在父亲 40 岁,儿子 17 岁,经过多少年父亲的年龄是儿子的 2 倍?

以算术的方式很难解决这个问题,解决它要用到方程.经过 x 年,父亲是 $40+x$ 岁,儿子是 $17+x$ 岁.根据题意可得

$$40+x=2(17+x)$$

经验算确定,当 $x=6$ 时,等式成立,那么 $x=6$,有

$$40+6=2(17+6)$$

即

$$46=46$$

若 x 等于其他数,则等式不成立.

这个等式不叫恒等式,因为不是任意数代入时它都成立.只有 x 等于 6 时,它才成立.

如果一个等式两边包含一个或多个字母,当字母为任意数时,等式两边并不是都有相同的结果,那么这个等式叫作方程,而用字母表示的数字叫作方程的未知数.这些数字通常用拉丁字母($x,y,z\cdots$) 表示.

方程可以有一个或多个未知数,解方程就是找到未知数的值,使方程成立,这些未知数的值叫作方程的根.

有一个未知数的方程可以有一个或多个根,例如,有一个根(5) 的方程 $3x-2=13$;有两个根(1 和 2) 的方程 $x^2+2=3x$;有三个根(1,2 和 -1) 的方程 $(x-1)(x-2)(x+1)=0$.方程甚至可以没有根,例如,$x^2=-4$,无论用一个正数还是负数代替 x,这个数的平方都不可能等于负数.

因为上述方程的根为 6,即经过 6 年,父亲 46 岁,儿子 23 岁.

因此,根据题目要求列出一组方程并求解,必须了解方程的性质.

根据题目要求列方程

$$40+x=2(17+x)$$

算出括号里的数，得

$$40+x=34+2x$$

简化方程，得到

$$40=34+x$$

最后解出方程，得到

$$x=6$$

根据这个例子可以求解其他方程.

练　习

149. 下面这些等式哪些是恒等式，哪些是方程？

(1)$x+y=y+x$；(2)$(a-b+x)c=ac-bc+xc$.

(3)$3a-4=2a+1$；(4)$8x+1=5x+7$；(5)$a(bc)=abc$.

(6)$2x=x+1$；(7)$(xy):y=x$；(8)$a:2b=\frac{a}{2}:b$.

§ 81　方程相等

如果一个方程所有的根都是另一个方程的根，反之也成立，那么就称这两个方程相等. 例如，方程 $x^2+2=3x$ 和 $3x-2=x^2$ 相等，因为它们有相同的根：1 和 2. 方程 $7x=14$ 与 $x^2+2=3x$ 不相等，因为第一个方程只有一个根 2，而第二个方程的根除了 2 还有 1.

解一个方程时，我们对它先进行一些变换，然后用这些变换后的更简单的方程来代替这个方程，直到获得最简单形式的方程：$x=a$，那么，我们就说数 a 是这个方程的根. 但是，只有当我们确定在变化过程中获得的所有方程都等于这个方程时，才可以这样做.

我们不得不对方程进行转化时，主要用到方程的两个性质，下面我们就仔细地讲一下.

§ 82　方程的第一个性质

对于某个方程，例如

$$x^2+2=3x \tag{1}$$

假设方程的两边同时加上同一个数m(正数,负数或0),这时可以得到新的方程

$$x^2+2+m=3x+m \tag{2}$$

证明这两个方程相等,就需要我们确保,方程(1)所有的根满足方程(2),方程(2)所有的根也满足方程(1).

对于方程(1)的某个根1,我们有,$x^2+2=3x$(因为其使方程的两边都等于3).当$x=1$时,x^2+2+m和$3x+m$相等,因为将方程两边的数3分别加m,得到的结果$3+m$相等.也就是说$x=1$也是方程(2)的根.如果方程(1)还有其他根,类似于根$x=1$的情形,同理可以验证其满足方程(2).因此方程(1)的每个根都满足方程(2).

现在,对于方程(2)的某个根$x=2$,这意味着当方程中的$x=2$时,x^2+2+m等于$3x+m$(即表达式变为$6+m$).当$x=2$时,x^2+2与$3x$相等,因为从相等数$6+m$中减去同一个数m,得到相等的数,即$x=2$是方程(1)的根.

同理可知,方程(2)所有的根也都满足方程(1).

所以方程(1)的根和方程(2)的根相等.

这个性质同样适用于方程两边同时减去一个数的情形.

因此,如果方程两边同时加上或减去同一个数,方程的根不变.

§83 结果

上述性质可用于以下结果,在解方程中经常用到.

(1) 方程可以移项,只要改变项前的符号.例如

$$8+x^2=7x-2$$

将右边的2移到左边得到

$$8+x^2+2=7x$$

常数项-2从右边移到左边符号变成"+".将x^2移到右边,得到

$$8+2=7x-x^2$$

项$+x^2$从左边移到右边后符号相反.

(2) 如果方程两边有相同的项且项前符号相同,那么这些项可以消去,例如

$$6x+3=x^2+3$$

消去相同的项,得到

$$6x=x^2$$

§84　方程的第二个性质

对于方程

$$x^2+2=3x \qquad (1)$$

两边同时乘以某个数 m,m 为正数或负数(0 除外) 得到新方程

$$(x^2+2)m=3xm \qquad (2)$$

要说明这两个方程相等,可以这样推断,根据第一个性质,方程(1) 的任意根能满足第二个方程,同时,方程(2) 的任意根也满足第一个方程.

(1) 对于方程(1) 的一个根 $x=1$,即方程中的 x 为 1 时,x^2+2 等于 $3x$(它们都等于 3),当 $x=1$ 时,也有$(x^2+2)m$ 等于 $3xm$,因为相等的数字(3 和 3) 乘以同一个数(m),结果相等($3m=3m$),即 $x=1$ 是方程(2) 的根.同理,可证方程(1) 的所有根代入方程(2) 都满足.

(2) 反之,对于方程(2) 的某个根 $x=2$,即 $x=2$ 时,$(x^2+2)m$ 等于 $3xm$(它们都等于 $6m$).当 $x=2$ 时,x^2+2 等于 $3x$,因为相等的数($6m$ 和 $6m$) 除以同一个数 m,m 不为 0,结果相等.即 $x=2$ 也是方程(1) 的根,同理,可证方程(2) 的所有根代入方程(1) 都满足.因此,这两个方程相等.

在方程两边同时乘一个数 m,m 为 0,例如有两个根 1 和 2 的方程乘 0,得到新方程

$$(x^2+2)\cdot 0=3x\cdot 0$$

这个方程的根不仅有 1 和 2,还有任意数 x,比如,将 5 和 6 代入方程,得到

$$(5^2+2)\cdot 0=3\cdot 5\cdot 0,(6^2+2)\cdot 0=3\cdot 6\cdot 0$$

也就是说

$$27\cdot 0=15\cdot 0,38\cdot 0=18\cdot 0$$

或者

$$0=0,0=0$$

(因为任意数乘 0 都等于 0).所以,方程乘以 0 根将不会相等.

因此,如果方程两边同时乘以或除以同一个数,0 除外,得到的方程和原方程相等.

§85　推论

由方程的第二个性质可以得到如下三个推论.

(1) 如果方程中所有的项有公因数,不为0且不是未知数,那么方程的所有项可以简化,例如

$$60x-160=340-40x$$

将所有的项除以20,得到简化形式

$$3x-8=17-2x$$

(2) 分母中没有未知数时,方程可以由分式形式变成整式形式,例如

$$\frac{7x-3}{6}-\frac{x-5}{4}=\frac{43}{6}$$

将所有项变成同分母形式,即

$$\frac{14x-6}{12}-\frac{3x-15}{12}=\frac{86}{12},\frac{14x-6-(3x-15)}{12}=\frac{86}{12}$$

两边同时乘12,去掉分母,得到如下方程

$$14x-6-(3x-15)=86$$

即 $14x-6-3x+15=86$.

(3) 方程前加相反的符号,所得方程与原方程相等,相当于方程两边同时乘以 -1. 例如,方程 $-8-x^2=-7+2$,两边同时乘以 -1,得到 $8+x^2=7-2$.

§86 方程两边同时乘以或除以同一个代数式

有时为了简化方程不得不在方程两边同时乘以或除以同一个代数式(下一节,我们会举这样的例子). 当方程两边同时乘以或除以同一个代数式时,得到的新方程与原方程相等,代数式不能为0,因为方程乘以0无意义.

§87 增根

我们解方程时,若分母中存在未知数,要去掉分母,必须在方程两边乘同一个代数式,例如

$$\frac{x^2}{(x-2)^2}+\frac{2}{(x-2)^2}=\frac{1}{x-2}+\frac{2x+2}{(x-2)^2} \tag{1}$$

这些分式大多以 $(x-2)^2$ 为分母,将所有分母变为 $(x-2)^2$,得到

$$\frac{x^2}{(x-2)^2}+\frac{2}{(x-2)^2}=\frac{x-2}{(x-2)^2}+\frac{2x+2}{(x-2)^2}$$

换句话说,将所有项乘以 $(x-2)^2$,得

$$x^2+2=x-2+2x+2$$

也就是说

$$x^2+2=3x \tag{2}$$

这个方程有两个根1和2,但我们不能保证这两个根都满足原方程.因为方程两边乘以了$(x-2)^2$.当$x=2$时,这个表达式为0,而方程乘以0无意义.

将根1和2代入方程检验,它们不仅要满足方程(2),还要满足方程(1).根$x=1$满足方程(1),即

$$\frac{1^2}{(1-2)^2}+\frac{2}{(1-2)^2}=\frac{1}{1-2}+\frac{2\cdot 1+2}{(1-2)^2}$$

$$\frac{1^2}{(-1)^2}+\frac{2}{(-1)^2}=\frac{1}{-1}+\frac{2+2}{(-1)^2}$$

但根$x=2$不满足方程(1),因为当$x=2$时,等式无意义,即

$$\frac{4}{0}+\frac{2}{0}=\frac{1}{0}+\frac{6}{0}$$

(不可能除以0).

因此,如果方程中有分数项,且分母中含有未知数,我们将它们化成同分母形式,方程两边再同时乘以分母,得到新方程的根,需要代入原方程进行检验,看其是否是增根.

方程两边同时除以一个含未知数的表达式,会丢失某些根,例如,对于方程

$$(2x+3)(x-3)=(3x-1)(x-3)$$

两边同时除以$x-3$,得到新方程

$$2x+3=3x-1$$

新方程与原方程不相等,因为新方程只有一个根$x=4$,而原方程有两个根$x=4$和$x=3$.

第2节　有一个未知数的方程

§88　解一元一次方程

在下面两个例子中,我们将演示解一元一次方程的方法.

例1　解方程

$$3x+2(4x-3)=5(x+2)-4$$

去括号，得

$$3x+8x-6=5x+10-4$$

移项，未知数移到左边，常数项移到右边（运用方程的第一个性质），得

$$3x+8x-5x=10-4+6$$

化简得

$$6x=12$$

最终方程两边同时除以6（运用方程的第二个性质），得到

$$x=2$$

为了确定所求解方程无误，需检验结果.将得到的根代入方程，若方程变为恒等式，那么所求解方程无误，按如上操作得到

$$3\cdot 2+2(4\cdot 2-3)=5(2+2)-4$$

即

$$16=16$$

即求解正确.

例2 解方程

$$\frac{3x-4}{2}+\frac{3x+2}{5}-x=\frac{7x-6}{6}-1$$

将所有的分母变为同一个分母30，即得

$$\frac{15(3x-4)}{30}+\frac{6(3x+2)}{30}-\frac{30x}{30}=\frac{5(7x-6)}{30}-\frac{30}{30}$$

再将方程所有的项乘以30（或者说去掉同分母），得

$$15(3x-4)+6(3x+2)-30x=5(7x-6)-30$$

如果方程所有的项乘以它们的同分母，可能得到这样的结果

$$\frac{30(3x-4)}{2}+\frac{30(3x+2)}{5}-30x=\frac{30(7x-6)}{6}-30\cdot 1$$

或者直接化简，得

$$15(3x-4)+6(3x+2)-30x=5(7x-6)-30$$

去括号，得

$$45x-60+18x+12-30x=35x-30-30$$

通过计算得到

$$-2x=-12$$

两边同时除以未知数的系数（可以先乘-1，使其变为正数），得

$$x=\frac{-12}{-2}=\frac{12}{2}=6$$

检验

$$\frac{3\cdot 6-4}{2}+\frac{3\cdot 6+2}{5}-6=\frac{7\cdot 6-6}{6}-1, 7+4-6=6-1, 5=5$$

从例子中可以看出，解一元一次方程必须遵循：

(1) 化简分数项；

(2) 去括号；

(3) 移项，未知数在一侧，常数项在另一侧；

(4) 化简；

(5) 方程两边除以未知数的系数.

视方程具体形式，有时需将得到的解代入原方程进行检验.

当然，鉴于方程形式，不一定要完全按照以上五步进行运算.

注意事项：完成(1) ～ (4) 步后，方程的每一边都只剩一项：左边保留未知项，右边保留常数项，一般情况下是如下形式

$$ax=b$$

其中 a 和 b 可以是正数、负数或 0. 这种方程叫作一元一次方程的一般形式.

练　　习

解下列方程：

150. $2x+1=35$；$19=4+3y$；$7y-11=24$.

151. $3x+23=104$；$89=11y-10$；$38=2+3x$.

152. $3x=15-2x$；$4x-3=9-2x$；$5x+\frac{1}{4}=3\frac{1}{2}$.

153. $2.5x-0.86=4+0.7x$；$29+2x=3(x-7)$.

154. $x-7=\frac{3x+13}{20}$；$-x=3$；$-2x=8$.

155. $\frac{2x+1}{2}=\frac{7x+5}{8}$；$x+\frac{11-x}{3}=\frac{20-x}{2}$.

156. $x+\frac{3x-9}{5}=11-\frac{15x-12}{3}$.

157. $3x-4-\frac{4(7x-9)}{15}=\frac{4}{5}\left(6+\frac{x-1}{3}\right)$.

158. $2x-\frac{19-2x}{2}=\frac{2x-11}{2}$.

159. $\frac{x-1}{7}+\frac{23-x}{5}=2-\frac{4+x}{4}$.

§89 关于方程的列法

借助方程可以解决算术方法难以解决或不能解决的问题.困难的是如何列方程,因为只有列出方程才能解决问题.通常来说,列方程没有通用的方法,因为问题的条件是不同的,仅能给出某些列方程的一般方法.一般来说,这方面的技巧要在解题中练习.

下面我们展示的是一般的列方程的方法.

例 学校购买了厚薄两种练习本共80本,共花费9卢布40戈比[①],如果厚练习本每本35戈比,薄的每本4戈比,那么厚薄练习本各买了多少本?

(1) 假定未知数用 x 表示.

题目中有两个未知数:厚练习本的数量和薄练习本的数量,若用 x 表示厚练习本的数量,则薄练习本的数量是 $80-x$ 本,因为总共80本.

设厚练习本的数量为 x,薄的为 $80-x$.

(2) 借助 x 和其他数表示题目中所有的条件.

题目中讲到,厚练习本35戈比一本,薄的4戈比一本,因此,我们可以提出问题:两种练习本一共多少钱?(之所以这么想是因为题目中给出了总价)

厚练习本的价格一共 $35x$,薄的价格一共 $4(80-x)$,一共9卢布40戈比.

(3) 列方程.

因为题目中说一共花费9卢布40戈比,那么厚练习本的花费 $35x$ 与薄练习本的花费 $4(80-x)$ 的和应等于9卢布40戈比,即

$$35x+4(80-x)=940$$

解方程,得 $x=20$.

x 表示厚练习本的数量,因此厚练习本一共20本,薄练习本为 $80-20=60$ 本.

注意,题目中通常有一些数据,借助它们可以列出方程.因此列方程最好利用上所有的数据,题目中所有的数都会以不同的形式在方程中列出.

练 习

160. 两个数的和为2 548,如果已知其中一个数比另一个数小148,求这两

① 1卢布 = 100戈比.

个数.

161. 三个数的和为 100,第二个数比第一个数大 10,第三个数比第二个数大 20,求这三个数.

162. 一个骑手要追上在他前面 15 km 的步行者,如果骑手每小时行驶 10 km,步行者每小时走 4 km,问经过几小时骑手能追上步行者?

163. 有两个品种的茶叶一共 32 kg,第一种售价为每千克 8 卢布,第二种每千克售价为 6 卢布 50 戈比,将其混合后售价为每千克 7 卢布 10 戈比(不考虑收益和亏损),请问原有这两种茶各多少千克?

164. 一个骑自行车的人以 8 km/h 的速度行驶了一段路程. 回来的时候他走了另一条路,比第一条路长 3 km,虽然他以 9 km/h 的速度行驶,但他比来时多用了 7.5 min,求这两条路的长度.

§90　字母方程

没必要设所有的未知数都是 x,未知数也可用其他字母表示. 例如

$$S=\frac{1}{2}bh$$

其中 S 表示三角形的面积,b 表示三角形的底,h 表示高. 这个公式是方程,S,b,h 都是未知的. 又如,这样一个问题:找出三角形的底,其底上的高为 h,面积为 S. 此时公式中 b 是未知数,S 和 h 是已知的. 我们可将底设为 x,列出如下方程

$$S=\frac{1}{2}hx$$

由此,得

$$x=S:\frac{1}{2}h=2S:h=\frac{2S}{h}$$

也可以用 b 代替 x,直接从方程 $S=\frac{1}{2}bh$ 中找到 b,即

$$S=\frac{1}{2}bh,2S=bh,b=\frac{2S}{h}$$

总之,不仅要学会解只有字母 x 的数字方程,也要学会解未知数 x 和已知数为字母的字母方程.

例 1　$a+bx=c$,由题设有

$$bx=c-a$$

$$x=\frac{c-a}{b}$$

例 2 $a(x-c)=b(x+d)$,由题设有

$$ax-ac=bx+bd$$
$$ax-bx=bd+ac$$
$$x(a-b)=bd+ac$$
$$x=\frac{bd+ac}{a-b}$$

例 3 $\frac{y}{a}-y=b$,由题设有

$$y-ay=ab$$
$$y(1-a)=ab$$
$$y=\frac{ab}{1-a}$$

例 4 $\frac{x}{a}+\frac{x}{b}=1$,由题设有

$$bx+ax=ab$$
$$x(b+a)=ab$$
$$x=\frac{ab}{a+b}$$

练　　习

165. $(a+x)(b+x)=(a-x)(b-x)$

166. $(x-a)(x+b)+c=(a+x)(x-b)$.

167. 从方程 $a+bx=4-3(a-x)$ 中找出 x 与 a,b 的关系.

168. 若梯形的面积为 q,上底和下底分别是 b_1,b_2,高为 h,三者的关系是 $q=\frac{1}{2}(b_1+b_2)h$,找出 h 与 q,b_1,b_2 的关系.

第 3 节　二元一次方程

两个含有两个未知数的方程.

§91　例题

实验发现,一堆银币和铜币共重 148 kg,放入水中减少 $14\frac{2}{3}$kg. 如果已知

21 kg银币在水中减少2 kg，9 kg铜币在水中减少1 kg. 求铜币和银币各有多少千克？

设有银币 x kg，铜币 y kg，列方程如下

$$x+y=148$$

为列出其他方程，考虑如果21 kg银币在水中减少2 kg，即1 kg银币减少 $\frac{2}{21}$ kg，此时 x kg应减少 $\frac{2}{21}x$ kg.

同样，如果9 kg铜币在水中减少1 kg，即1 kg铜币减少 $\frac{1}{9}$ kg，因此，y kg铜币减少 $\frac{1}{9}y$ kg. 因此

$$\frac{2}{21}x+\frac{1}{9}y=\frac{44}{3}$$

由此，我们得到两个含有两个未知数的方程

$$x+y=148 \tag{1}$$

$$\frac{2}{21}x+\frac{1}{9}y=\frac{44}{3} \tag{2}$$

方程(2)可以化简，将分数转化成整数. 于是，将方程(2)两边同时乘以63，得到与原方程相等的方程，即

$$6x+7y=924 \tag{3}$$

现在有两个方程

$$x+y=148$$
$$6x+7y=924$$

我们可以用其他方法来解这两个方程，例如，确定方程(1)中 x 与 y 的关系，即

$$x=148-y$$

因为方程(3)中的 x 和 y 与方程(1)中的 x，y 表示同一个数，所以方程(3)中的 x 可替换为 $148-y$，即

$$6(148-y)+7y=924$$

解方程得到 y，即

$$888-6y+7y=924, y=924-888=36$$

这时

$$x=148-36=112$$

因此，有112 kg银币和36 kg铜币.

§92　二元一次方程的一般形式

以下面的方程为例

$$2(2x+3y-5)=\frac{5}{8}(x+3)+\frac{3}{4}(y-4)$$

化简方程，调整项的顺序，得到含有两个未知数的方程.

(1) 去括号，得

$$4x+6y-10=\frac{5}{8}x+\frac{15}{8}+\frac{3}{4}y-3$$

(2) 去分母，所有项乘以 8，得

$$32x+48y-80=5x+15+6y-24$$

(3) 将未知项移到方程的一边，已知项在另一边，即

$$32x+48y-5x-6y=15-24+80$$

(4) 合并同类项，得

$$27x+42y=71$$

因此，这个方程化简后是这样的形式，左边有两项：第一项含有未知数 x，第二项含有 y. 方程右边只有一项，不含未知数.

x 和 y 的系数可能为正数(像例子当中这样)，也可能为负数(这种情况是所有项乘 -1) 或一正一负；右边的项可能为正数(像例子当中这样)，也可能为负数或 0. 如果 x 和 y 的系数分别用 a，b 表示，c 表示已知数，那么二元一次方程的一般形式如下

$$ax+by=c$$

§93　一个方程含有两个未知数的不确定性

有两个未知数的方程有很多组解. 的确，如果要找到一组解，我们将一个数作为任意一个未知数的解代入方程，那么可以从这个方程中得出另一个未知数的解. 通过指定第一个未知数找到另一个未知数. 我们也可以通过代入任何其他数而找到新的解. 因此，我们可以找到很多组解.

例　一个等腰三角形的周长为 40 m，求它的各边长. 设这个三角形的底为 x，腰为 y，可列出如下方程：$x+2y=40$.

将一个数代入 x，例如 10，得到

$$10+2y=40,2y=30,y=15$$

即，如果三角形的底为 10 m，那么每条腰为 15 m. 现在将 8 代入 x，这时 $2y=32$，$y=16$. 我们可以找到很多组解，因此，方程中的问题不够明确.

§94　方程组

通常来说，如果两个方程同时含有 x，y 且 x，y 在两个方程中表示同一个数，那么可以组成方程组，如下

$$\begin{cases}2x-5=3y-2\\8x-y=2y+21\end{cases}$$

观察这些方程，x 在两个方程中表示同一个数，y 亦然，那么这些方程可以组成方程组，只要某些方程是由同一问题的条件得到，就会出现这种情况.

下面是二元一次方程组的解法.

§95　代入法

这个方法已经说过了.

下面这个例子有点复杂

$$\begin{cases}8x-5y=-16\\10x+3y=17\end{cases}$$

(两个方程都为一般形式).

从一个方程中，例如从第一个方程中算出一个未知数，假设是 y，找到 y 与 x 的关系，即

$$y=\frac{8x+16}{5}$$

因为第二个方程满足这个条件，所以我们可以将上面的表达式代入第二个方程，从中找到未知数 x，则

$$10x+3\cdot\frac{8x+16}{5}=17$$

解这个方程，得

$$10x+\frac{24x+48}{5}=17,50x+24x+48=85,x=\frac{1}{2}$$

这时

$$y=\frac{8x+16}{5}=\frac{4+16}{5}=4$$

我们也可以从一个方程中找到 x 与 y 的关系，将得到的 x 的表达式代入另一个方程，这时可先解出 y.

当某个未知数的系数为 1 时，这个方法更加简便. 这时最好找到这个未知数与另一个未知数的关系（不必将系数与未知数分离）. 例如

$$\begin{cases}3x-2y=11\\4x+y=22\end{cases}$$

从第二个方程中得出 $y=22-4x$，代入第一个方程，得

$$3x-2(22-4x)=11, 3x-44+8x=11, 11x=44+11=55$$

$$x=\frac{55}{11}=5, y=22-4\cdot 5=2$$

规则：为解出方程组中的未知数可用代入法，先找出其中一个方程中一个未知数与另一个未知数的关系，得到表达式并代入另一个方程，从中解出这个未知数，将这个数代入所得的表达式，可以得到另一个未知数.

§96　代数相加法

假设一个方程组（先将其变成一般形式）的某个未知数有相同系数，例如 y，方程组如下

$$\begin{cases}7x-2y=27\\5x+2y=33\end{cases}$$

我们知道，如果相同的数相加减，得到的数相等. 如果方程左右两边分别相加或相减，那么等号不变（方程可逐项相加减）.

这两个方程相加后，$-2y$ 和 $+2y$ 可以抵消，得到一个含有未知数 x 的方程，即

$$+\begin{cases}7x-2y=27\\5x+2y=33\end{cases}$$
$$\overline{12x\qquad\quad=60}$$

由此，得 $x=5$. 解方程，将 $x=5$ 代入另一个方程中可得到 y，即

$$7\cdot 5-2y=27, 35-2y=27, 35-27=2y, 8=2y, y=4$$

如果方程中被消去的未知数前的系数的符号和绝对值都相同，那么改变其

中一个方程的符号，如下

$$\begin{cases}3x-5y=8\\3x+7y=32\end{cases}$$

这个方程组的两个方程中未知数 x 有相同的系数 $+3$，那么改变第一个方程的符号（换句话说方程两边同时乘以 -1），然后再把这两个方程相加，即

$$\begin{array}{r}+\begin{cases}-3x+5y=-8\\ \quad 3x+7y=32\end{cases}\\ \hline 12y=24\end{array}$$

由此得 $y=2$. 代入另一方程，得

$$3x+7\cdot 2=32, 3x=32-14=18, x=6$$

对于系数不同的方程，例如

$$\begin{cases}7x+6y=29\\-5x+8y=10\end{cases}$$

我们可以先让一个未知数系数的绝对值相等，例如 x. 找到 7 和 5 的公倍数（最好是最小的，35），方程两边同时乘 5 或 7（就像将分数化成同分母一样），得

$$\begin{cases}7x+6y=29(\text{乘 }5)\\-5x+8y=10(\text{乘 }7)\end{cases},\begin{cases}35x+30y=145\\-35x+56y=70\end{cases}$$

这时按照之前的方法继续.

用代数相加法解含有两个未知数的方程组，先使一个未知数的系数的绝对值相等，当这个未知数前的符号相同时，改变一个方程的符号，然后将方程相加，得到只含一个未知数的方程，解方程得到一个未知数，从而再得到另一个未知数.

§97　含有字母系数的方程组

在解方程组时，会遇到方程的系数为字母的情况，如下

$$\begin{cases}ax+by=c\\a'x+b'y=c'\end{cases}$$

我们可以用已经给出的解方程组的两种方法中的任意一种解这个方程组. 用代数相加法最简单，这样来做，先改变一个方程的符号，再使这个未知数的系数的绝对值相等，例如 y，最后将方程相加，即

$$b'(ax+by)=cb' \qquad ab'x+bb'y=b'c$$

$$b(-a'x-b'y)=-c'b \qquad \underline{-a'bx-bb'y=-bc'}$$

$$(ab'-a'b)x \quad =b'c-bc'$$

如果 $ab'-a'b\neq 0$,那么

$$x=\frac{b'c-bc'}{ab'-a'b}$$

练　　习

169. 用代入法求解下列方程组.

$\begin{cases}y=2x-3\\3x+2y=8\end{cases}$; $\begin{cases}5x+y=3\\3x-2y=7\end{cases}$; $\begin{cases}3x-5y=6\\x+4y=-15\end{cases}$.

170. 用代数相加法求解下列方程组.

$\begin{cases}4x+7y=5\\-2x+5y=6\end{cases}$; $\begin{cases}3x+5y=20\\2x-10y=0\end{cases}$; $\begin{cases}5x-8y=19\\2x-2y=10\end{cases}$.

171. 用适当方法求解下列方程组.

$\begin{cases}(2x-1)(y+2)=(x-2)(2y+5)\\5x-2=2y+15\end{cases}$.

172. $\begin{cases}ax+by=c\\y=mx\end{cases}$; $\begin{cases}x+a=my\\y+b=nx\end{cases}$.

173. 已知当 $x=-2$ 时,$y=-11$,当 $x=2$ 时,$y=1$,求 $y=ax+b$ 中 a 和 b 的值.

174. 一个人第一次买了 8 kg 的一种物品和 19 kg 的另一种物品,共支付了 16 卢布 40 戈比. 第二次,以同样的价格购买了 20 kg 的第一种物品和 16 kg 的第二种物品,共支付了 28 卢布 40 戈比. 求每种物品每千克的价格是多少?

175. 一个信托公司购买了 65 辆自行车用于销售,其中有普通自行车和电动自行车两种. 普通自行车每辆进价 100 卢布,电动自行车每辆进价 400 卢布. 售后信托公司的总利润为 2 980 卢布,普通自行车的利润为 12%,电动自行车的利润为 25%. 求两种自行车各获利多少?

176. 一个工程师必须在两个地点之间放置电报杆. 他计算了一下,如果他在这两点之间每隔 50 m 各放一根电报杆,那么他将缺少 21 根电报杆. 如果他每隔 55 m 放一根电报杆,那就只缺 1 根电报杆. 请问共有多少根电报杆? 他要

把它们以多大的间隔放置恰好合适?

177. 已知两个直角三角形有相同的斜边. 第一个三角形的一条直角边比另一个三角形对应的直角边短 4 m,另一条直角边比对应的直角边长 8 m. 如果第一个三角形的面积比第二个三角形的面积大 34 m^2,请计算这些直角边的长.

下面我们考虑含有三个未知数的方程组.

§98　含有三个未知数的一次方程的一般形式

如果在一个有三个未知数 x,y 和 z 的一次方程中,我们进行与之前对有一个和两个未知数的方程做相同的变换,那么我们将把方程还原成一种形式(称为一般形式),其中方程的左边只包含三个项:一个是 x,一个是 y,一个是 z,而右边将包含一个没有未知数的项.

例如,方程

$$5x-3y-4z=-12$$

其一般(正常)形式如下

$$ax+by+cz=d$$

其中 a,b,c 和 d 是给定的一些数.

§99　三个未知数两个方程的一次方程组的不确定性

假设给定一个由三个未知数两个方程构成的方程组

$$\begin{cases}5x-3y+z=2\\2x+y-z=6\end{cases}$$

给一个未知数设定一个任意的值,例如 z,比方说等于 1,然后把这个数代入上述方程组中,得

$$\begin{cases}5x-3y+1=2\\2x+y-1=6\end{cases}$$

整理得

$$\begin{cases}5x-3y=1\\2x+y=7\end{cases}$$

因此,我们得到一个有两个未知数的二元一次方程组,以某种方法进行计算,我们会发现

$$x=2,y=3$$

所以这个有三个未知数的方程组在 $x=2,y=3,z=1$ 时成立. 现在给未知数 z 一些其他的值,例如 $z=0$,然后把这个值代入给定的方程,得

$$\begin{cases}5x-3y=2\\2x+y=6\end{cases}$$

同样,我们得到一个包含两个未知数的二元方程组,通过计算,我们得到

$$x=\frac{20}{11}=1\frac{9}{11},y=2\frac{4}{11}$$

所以这个方程组在 $x=1\frac{9}{11},y=2\frac{4}{11},z=0$ 时成立. 此时,我们再次得到一个有两个未知数,两个方程的方程组,我们从中找到 x 和 y 的新值. 由于我们可以为 z 指定足够多的不同的值,所以我们可以得到足够多的 x 和 y 的值(对应于 z 的取值). 这意味着有三个未知数的两个方程所构成的方程组通常允许有无限多的解,换句话说,这样的方程组是不确定的.

如果有三个未知数而只有一个方程,那么不确定性就更大了. 由此就有可能给两个未知数指定任意的值,那么第三个未知数可以通过把这两个未知数的值代入该方程去求解.

§100　由三个未知数三个方程构成的方程组

为了能够求出三个未知数 x,y 和 z 的值,必须给出一个有三个方程的方程组,这样的方程组可以应用代入消元法或加减消元法求解,让我们用下面的例子来说明这些方法的应用(每个方程首先被简化为一般形式)

$$\begin{cases}3x-2y+5z=7\\7x+4y-8z=3\\5x-3y-4z=-12\end{cases}$$

§101　代入消元法

从某个方程,如第一个方程,根据其他两个未知数,确定一个未知数,如 x,即

$$x=\frac{7+2y-5z}{3}$$

由于在所有的方程中,x 意味着相同的数,那么在其余的方程中,我们可以

用得到的表达式代替 x，所以有

$$7\cdot\frac{7+2y-5z}{3}+4y-8z=3$$

$$5\cdot\frac{7+2y-5z}{3}-3y-4z=-12$$

因此，我们得到了一个由两个未知数 y 和 z 组成的两个方程的方程组. 使用上面提到的方法之一解这个方程组，我们可以找到 y 和 z 的值，在我们的例子中，其结果是 $y=3,z=2$；通过将这些数代入我们得出的 x 的表达式，我们也可以计算出这个未知数，即

$$x=\frac{7+2\cdot3-5\cdot2}{3}=1$$

因此，所给出的方程组有唯一的一组解：$x=1,y=3,z=2$（这可以通过检验来验证）.

§102　加减消元法

让我们从三个给定的方程中任意抽取两个方程，例如第一个和第二个，将一个未知数之前的系数，例如 z 之前的系数，用代数相加法进行转化，从而得到有两个未知数 x 和 y 的方程，然后从这三个方程中再抽取另外两个方程，例如第一个和第三个（或第二个和第三个），并以同样的方式从它们中消去相同的未知数，即 z，可得

$$\begin{array}{l|l}
3x-2y+5z=7(\times 8) & 24x-16y+40z=56 \\
7x+4y-8z=3(\times 5) & \underline{35x+20y-40z=15} \\
 & 59x+4y=71 \\
 & \\
3x-2y+5z=7(\times 4) & 12x-8y+20z=28 \\
5x-3y-4z=-12(\times 5) & \underline{25x-15y-20z=-60} \\
 & 37x-23y=-32
\end{array}$$

由此我们得到一个含有 x 和 y 的方程组.

由所得的两个方程求得 $x=1,y=3$. 将这些数代入所给的三个方程中的任意一个，例如第一个，得

$$3\cdot1-2\cdot3+5z=7, 5z=7-3+6=10, z=2$$

请注意，通过同样的两种方法，我们可以将一个含有四个未知数的四元方程组还原为一个有三个未知数的三元方程组（而这个方程组又可还原为一个有两个未知数的二元方程组，等等）. 一般来说，我们可以将一个有 t 个未知数 t 个方程的方程组还原为一个有 $t-1$ 个未知数 $t-1$ 个方程的方程组（而这个方程组又可还原为一个有 $t-2$ 个未知数 $t-2$ 个方程的方程组，等等）.

练　　习

178. $\begin{cases} 4x-3y+2z=9 \\ 2x+5y-3z=4 \\ 5x+6y-2z=18 \end{cases}$.

179. $\begin{cases} 2x+5y-3z-6\dfrac{1}{4}=0 \\ 5x-6y+2z=12 \\ 5z=42\dfrac{1}{4}-7x+y \end{cases}$.

180. $\begin{cases} 3x-y+z=17 \\ 5x+3y-2z=10 \\ 7x+4y-5z=3 \end{cases}$.

181. $\begin{cases} \dfrac{x+2y}{5x+6}=\dfrac{7}{9} \\ \dfrac{3y+4}{x+2y}=\dfrac{8}{7} \\ x+y+z=128 \end{cases}$.

下面讨论一些特殊类型的方程组.

§ 103　不是所有的未知数都包含在每个方程中的情况

例如

$$\begin{cases} 10x-y+3z=5 \\ 4v-5x=6 \\ 2y+3z=6 \\ 3y+2v=4 \end{cases}$$

在这种情况下，方程的求解速度比平时要快，因为有些方程已经消去了一些未知数. 只需要弄清楚哪些未知数应该从哪些方程中消去，以便尽快达到只有一个未知数的单一方程.在我们的例子中,通过从第一和第三个方程以及第二和第四个方程中消去 z,v,我们得到两个含有 x 和 y 的方程,即

$$\begin{array}{r} 10x-y+3z=5 \\ -2y-3z=-6 \\ \hline 10x-3y=-1 \end{array} \qquad \begin{array}{r} 4v-5x=6 \\ -4v-6y=-8 \\ \hline -5x-6y=-2 \end{array}$$

通过求解这两个方程,我们得到:$x=0,y=\frac{1}{3}$.

现在将这些数代入第二和第三个方程中,我们得到

$$v=\frac{3}{2},z=\frac{16}{9}=1\frac{7}{9}$$

§ 104　未知数只以分数 $\frac{1}{x},\frac{1}{y},\cdots$ 形式出现的情况

比如说方程组

$$\begin{cases} \frac{1}{x}+\frac{1}{y}-\frac{1}{z}=\frac{7}{6} \\ \frac{1}{x}-\frac{1}{y}-\frac{1}{z}=-\frac{5}{6} \\ \frac{1}{y}-\frac{1}{x}-\frac{1}{z}=\frac{1}{6} \end{cases}$$

解这样一个方程组最简单的方法是引入辅助未知数,假设 $\frac{1}{x}=x',\frac{1}{y}=y'$,$\frac{1}{z}=z'$,我们得到这样的一个方程组,只有 x',y',z',即

$$\begin{cases} x'+y'-z'=\frac{7}{6} \\ x'-y'-z'=-\frac{5}{6} \\ y'-x'-z'=\frac{1}{6} \end{cases}$$

解这个方程组,得

$$x'=\frac{1}{2},y'=1,z'=\frac{1}{3}$$

即

$$\frac{1}{x}=\frac{1}{2},\frac{1}{y}=1,\frac{1}{z}=\frac{1}{3}$$

然后,从这里我们最终发现

$$x=2, y=1, z=3$$

再举个例子

$$\begin{cases}\dfrac{3}{x}+\dfrac{2}{y}-\dfrac{4}{z}=-13\\ \dfrac{6}{x}-\dfrac{3}{y}-\dfrac{1}{z}=5\dfrac{1}{2}\\ -\dfrac{5}{x}+\dfrac{7}{y}+\dfrac{2}{z}=3\dfrac{1}{2}\end{cases}$$

分数$\dfrac{3}{x}$,$\dfrac{2}{y}$等可以认为是乘积形式:$3\cdot\dfrac{1}{x}$,$2\cdot\dfrac{1}{y}$,因此,我们假设$\dfrac{1}{x}=x'$,$\dfrac{1}{y}=y'$,$\dfrac{1}{z}=z'$,则方程组可表示如下

$$\begin{cases}3x'+2y'-4z'=-13\\ 6x'-3y'-z'=5\dfrac{1}{2}\\ -5x'+7y'+2z'=3\dfrac{1}{2}\end{cases}$$

解这个方程组,得

$$x'=2, y'=\frac{1}{2}, z'=5$$

即

$$\frac{1}{x}=2, \frac{1}{y}=\frac{1}{2}, \frac{1}{z}=5$$

故

$$x=\frac{1}{2}, y=2, z=\frac{1}{5}$$

§105　在下面这种情况下,将给定的方程相加是有用的

假设我们有一个方程组

$$\begin{cases}x+y=a\\ y+z=b\\ x+z=c\end{cases}$$

把所有的方程加起来,得

$$2(x+y+z)=a+b+c$$

$$x+y+z=\frac{a+b+c}{2}$$

通过从最后一个方程中减去原方程组里的每个方程,我们可以得到

$$z=\frac{a+b+c}{2}-a,x=\frac{a+b+c}{2}-b,y=\frac{a+b+c}{2}-c$$

练　　习

182. $\begin{cases}3x+5y=74\\7x+2z=66\\2y+z=25\end{cases}$.

183. $\begin{cases}\dfrac{6}{x}+\dfrac{5}{y}=1\\\dfrac{30}{x}+\dfrac{31}{y}=6\end{cases}$.

184. $\begin{cases}4x-3z+u=10\\5y+z-4u=1\\3y+u=17\\x+2y+3u=25\end{cases}$.

185. $\begin{cases}\dfrac{2}{x}+\dfrac{3}{y}-\dfrac{4}{z}=\dfrac{1}{12}\\\dfrac{3}{x}-\dfrac{4}{y}+\dfrac{5}{z}=\dfrac{19}{24}\\\dfrac{4}{x}-\dfrac{5}{y}+\dfrac{1}{2}=\dfrac{6}{z}\end{cases}$.

186. 用最简单的方法解这个方程组

$$\begin{cases}x+y+z=29\dfrac{1}{4}\\x+y-z=18\dfrac{1}{4}\\x-y+z=13\dfrac{3}{4}\end{cases}$$

187. 三位顾客买了咖啡、糖和茶叶. 第一位顾客买了 8 kg 咖啡、10 kg 糖和 3 kg 茶叶,共支付了 35 卢布;第二位顾客买了 4 kg 咖啡、15 kg 糖和 5 kg 茶叶,共支付了 40 卢布;第三位顾客花了 82 卢布 50 戈比买了 12 kg 咖啡,20 kg 糖和

10 kg 茶叶. 求咖啡、糖和茶叶每千克的价格分别是多少?

188. 有三种由黄金、白银和铜制成的合金，其中金、银和铜含量的占比情况如下：

(1)5 份金，6 份银，8 份铜；

(2)3 份金，5 份银，7 份铜；

(3)7 份金，13 份银，18 份铜.

要用每种合金各多少千克才能提炼成含有 79 kg 黄金、118 kg 白银和 162 kg 铜的合金?

历史背景

早在古埃及时期就出现了方程. 在阿赫梅索姆(公元前 2000 年) 写的纸莎草书中，就有一些一次方程式，其中含有一个未知数，这个未知数用《*xay*》来表示.

希腊数学家丢番图(公元 4 世纪) 列出了各种各样的方程，包括有多个未知数的方程，但他并没有给出解这些方程的一般方法.

牛顿给出了几种解方程组的方法，包括迭代法.

阿拉伯学者在方程方面做了很多工作，他们在解方程时使用了今天所谓的加减消元法. 第一步的处理方法被称为“还原”，即阿拉伯语中的“algebra”；第二步的处理方法被称为“对消”，即阿拉伯语中的“almukabalah”. 并从这两个词中的第一个词(algebra) 得出了“代数”这个名字.

第5章　开　平　方

第1节　根的基本属性

§106　根的定义

若一个数的平方等于 a,则称这个数为 a 的二次方根(或平方根).因此,49 的平方根是7,或者−7,因为 $7^2=49$, $(-7)^2=49$.同样,若一个数的立方等于 a,则称这个数为 a 的三次方根(或立方根).例如,−125 的立方根是−5,因为 $(-5)^3=(-5)(-5)(-5)=-125$.

一般来说,a 的 n 次方根是一个 n 次方等于 a 的数.

指出是几次方根的那个数,被称为根的指数.

根的标记是符号$\sqrt{\ }$(根号,即根的符号).在根号下写上要开方的数(被开方数),在根号的左上方写上根的指数.例如,27 的立方根表示为$\sqrt[3]{27}$,32 的五次方根表示为$\sqrt[5]{32}$.

习惯上不写出平方根的指数,例如,$\sqrt[2]{16}$ 被写成$\sqrt{16}$.

求根的运算被称为开方,它是乘方运算的逆运算,因为通过这个运算,我们求出开方后的结果(即根)就是乘方的底数.因此,我们总是可以通过乘方运算来检查根的计算是否正确.例如,要检查方程$\sqrt[3]{125}=5$,只需计算 5 的立方;我们得到 5 的立方是 125,就可以得出结论,5 确实是 125 的立方根.

§107　算术平方根

如果一个根是由一个正数开平方得到的,且其也是一个正数,那么这个根就被称为算术平方根.例如,49 的算术平方根是 7,而 −7 只是 49 的平方根,但不能称为算术平方根.

下面,我们指出算术平方根的两个特性.

(1) 需要找到$\sqrt{49}$ 的算术平方根,它是 7,因为 $7^2=49$. 试问我们能否找到其他的正数 x,使得它也等于$\sqrt{49}$. 假设存在这样一个数,那么它必然小于 7 或大于 7. 如果 $x<7$,那么 $x^2<49$(对于正数相乘来说,随着两个乘数的减小,其乘积也减小);如果我们假设 $x>7$,那么 $x^2>49$. 所以不存在一个正数,其小于 7,或者大于 7,但可以等于$\sqrt{49}$. 因此,对于一个给定的数,只能有一个确定的算术平方根.

如果我们讨论的不仅仅是正的根,那么会得出不同的结论,比如,$\sqrt{49}$ 既等于 7 又等于 -7(因为 $7^2=49$,并且$(-7)^2=49$).

(2) 取任何两个不相等的正数,如 49 和 64,从 $49<64$ 的事实出发,我们可以确定$\sqrt{49}<\sqrt{64}$(这里$\sqrt{\ }$ 表示算术平方根). 事实上,$7<8$. 同样,从 $64<125$ 的事实出发,我们可以得出结论:$\sqrt[3]{64}<\sqrt[3]{125}$. 事实上,$\sqrt[3]{64}=4$,$\sqrt[3]{125}=5$,且 $4<5$.

一般来说,一个正数较小相应的它的算术根也较小(无论开多少次方).

§108 代数根

如果一个根是由正数,或者负数开方得到的,则称它为代数根. 因此,如果$\sqrt[n]{a}$ 指的是五次方的代数根,那么这意味着 a 既可以是正的,也可以是负的,而且相应的根也可能是正的或负的.

让我们指出代数根的以下四个特性.

(1) 一个正数的奇次方根是一个正数.

例如,$\sqrt[3]{8}$ 是一个正数(它等于 2),因为一个负数的奇数次幂,仍是一个负数.

(2) 一个负数的奇次方根是一个负数.

例如,$\sqrt[3]{-8}$ 一定是一个负数(它等于-2),因为一个正数的奇数次幂,仍是一个正数,而不是一个负数.

(3) 一个正数的偶次方根是两个符号相反且绝对值相同的数.

例如,$\sqrt{+4}=+2$ 且$\sqrt{+4}=-2$,因为 $(+2)^2=+4$,$(-2)^2=+4$;同样,$\sqrt[4]{+81}=+3$,$\sqrt[4]{+81}=-3$,因为$(+3)^4$ 和$(-3)^4$ 都等于 $+81$.

对于这两种情况的根,通常是在根的绝对值前面加上正负号来表示,例如

$$\sqrt{4}=\pm 2,\sqrt{a^2}=\pm a,\sqrt{9x^4}=\pm 3x^2$$

为了避免每次都说明我们取的是代数根还是算术平方根，让我们做以下规定：① 在开偶数次方的情况下，比如$\sqrt{a}$，$\sqrt[4]{a}$ 等，总是表示求算术平方根. 因此，$\sqrt{25}=5$；$\sqrt[4]{81}=3$. ② 如果我们求的是一个数的代数根（即所有根），那么通常在其根式前加上正负号，比如，$\pm\sqrt{25}=\pm 5$，$\pm\sqrt[4]{81}=\pm 3$.

(4) 一个负数的偶次方根不能等于任何数，因为任何一个数的偶数次幂只能是正数或者0，而不能是负数. 例如，$\sqrt{-9}$ 不等于$+3$或-3以及任何其他数.

负数的偶次方根通常被称为虚数，而其他数被称为实数.

练　　习

计算下列各式：

189. $\sqrt{100}$；$\sqrt{0.01}$；$\sqrt{\dfrac{9}{16}}$；$\sqrt{a^2}$.

190. $(\sqrt{5})^2$；$(\sqrt[5]{a})^5$.

191. $\sqrt[3]{+27}$；$\sqrt[3]{-27}$；$\sqrt[3]{-0.001}$.

192. $\sqrt[4]{16}$；$\sqrt{-4}$；$\sqrt{-a^2}$.

§109　对乘积、平方数、分数求根

(1) 现在我们计算乘积 abc 的算术平方根. 如果要对一个乘积进行平方，正如我们所看到的（§46），每个因数都可以单独进行平方. 由于计算平方根是平方的逆运算，所以我们也可以预期，对于计算乘积的平方根，我们可以拆分成因数形式：$\sqrt{abc}=\sqrt{a}\cdot\sqrt{b}\cdot\sqrt{c}$.

为了验证这个等式的正确性，将它的右边平方，有

$$(\sqrt{a}\cdot\sqrt{b}\cdot\sqrt{c})^2=(\sqrt{a})^2\cdot(\sqrt{b})^2\cdot(\sqrt{c})^2$$

又根据平方根的定义，有

$$(\sqrt{a})^2=a,(\sqrt{b})^2=b,(\sqrt{c})^2=c$$

因此，$(\sqrt{a}\cdot\sqrt{b}\cdot\sqrt{c})^2=abc$.

乘积$\sqrt{a}\sqrt{b}\sqrt{c}$ 的平方是 abc，这意味着其是 abc 的平方根.

同样，有

$$\sqrt[3]{abc}=\sqrt[3]{a}\sqrt[3]{b}\sqrt[3]{c}$$

因为

$$(\sqrt[3]{a}\sqrt[3]{b}\sqrt[3]{c})^3=(\sqrt[3]{a})^3\cdot(\sqrt[3]{b})^3\cdot(\sqrt[3]{c})^3=abc$$

所以计算积的算术根时,我们可以对每个因数分别进行计算,然后再相乘.

(2) 通过检验很容易发现,以下等式是对的.

① $\sqrt{a^4}=a^2$,因为$(a^2)^2=a^4$.

② $\sqrt[3]{x^{12}}=x^4$,因为 $(x^4)^3=x^{12}$.

因此,对一个数的乘方再开方,你可以用其乘方次数与开方次数的商作为根的指数.

(3) 以下算式也是正确的.

① $\sqrt{\frac{9}{16}}=\frac{\sqrt{9}}{\sqrt{16}}=\frac{3}{4}$,因为

$$\left(\frac{3}{4}\right)^2=\frac{3^2}{4^2}=\frac{9}{16}$$

② $\sqrt[3]{\frac{8}{27}}=\frac{\sqrt[3]{8}}{\sqrt[3]{27}}=\frac{2}{3}$,因为

$$\left(\frac{2}{3}\right)^3=\frac{2^3}{3^3}=\frac{8}{27}$$

所以

$$\sqrt{\frac{a}{b}}=\frac{\sqrt{a}}{\sqrt{b}},\sqrt[3]{\frac{a}{b}}=\frac{\sqrt[3]{a}}{\sqrt[3]{b}}$$

因此,对一个分数开方,你可以分别对分子和分母开方.

回顾一下,这些规则针对的都是算术根.

例 1 $\sqrt{9a^4b^6}=\sqrt{9}\ \sqrt{a^4}\ \sqrt{b^6}=3a^2b^3$.

例 2 $\sqrt[3]{125a^6x^9}=\sqrt[3]{125}\ \sqrt[3]{a^6}\ \sqrt[3]{x^9}=5a^2x^3$.

请注意,如果所求的是开偶次方的根,即计算代数根,那么其结果前面必须有"±"号.因此

$$\pm\sqrt{9x^4}=\pm 3x^2$$

练　　习

193. $\sqrt{4\cdot 9}$；$\sqrt{\frac{1}{4}\cdot 0.01\cdot 25}$；$\sqrt{4a^2b^2}$；$\sqrt{9a^2x^2y^4}$.

194. $\sqrt[3]{-27a^3b^3}$；$\sqrt[4]{\frac{1}{16}a^4x^4}$；$\sqrt[5]{abc}$.

195. $\sqrt{a^4}$；$\sqrt{2^4}$；$\sqrt{x^6}$；$\sqrt{(a+b)^4}$

196. $\sqrt[3]{2^6}$；$\sqrt[3]{-a^6}$；$\sqrt[3]{x^9}$；$\sqrt[3]{(m+n)^6}$.

197. $\sqrt[3]{\frac{8}{125}}$；$\sqrt[3]{-\frac{27}{1\ 000}}$；$\sqrt[3]{\frac{a^6}{b^3}}$；$\sqrt[3]{\frac{x}{y^3}}$；$\sqrt{\frac{x}{y}}$.

198. $\sqrt{25a^6b^2c^4}$；$\sqrt{0.36x^4y^2}$；$\sqrt{\frac{1}{4}(b+c)^6x^4}$.

第2节　计算平方根

§110　初步想法

(1) 为了叙述方便，我们将简单地把“平方根”说成“根”.

(2) 如果我们对自然数进行平方：1，2，3，4，5，…，那么会得到以下的平方数表

1，4，9，16，25，36，49，64，81，100，121，144，…

显然，有很多整数不在这个表中，那么你就不能对这些数计算出完整的根. 因此，如果我们想计算完整的根，例如，计算$\sqrt{4\ 082}$，就对这一要求做如下规定：如果可能，我们就计算$\sqrt{4\ 082}$的整个根，如果不可能，就找到平方小于4 082的最大整数，即根的整数部分或整数根(这个数是63，因为$63^2=3\ 969$，而$64^2=4\ 096$，大于4 082).

(3) 如果一个给定的数小于100，可以用乘法表找到其根的整数部分.

§111　计算大于100但小于10 000的数的整数根

一方面，假设我们要求$\sqrt{4\ 082}$，因为$\sqrt{4\ 082}$这个数小于10 000，所以它的

根小于 100.另一方面,这个数大于 100,所以它的根大于 10.但是任何大于 10 且小于 100 的数都有十位和个位,这意味着所求的根是一个和:整十数 + 个位数.

因此,它的平方等于

$$(\text{整十数})^2+2\cdot(\text{整十数})\cdot(\text{个位数})+(\text{个位数})^2$$

这些数的总和是 4 082,由于(十位数)^2 等于百位,所以平方根的十位数字应该通过有多少个百位数来计算,这个数中有 40 个百位数(我们用逗号从右边分隔出两位数字).在 40 以下的数中,有这样几个完全平方数:36,25,16,等等.我们取其中最大的一个即 36,并假设根的十位数的平方将等于这个最大的平方数,那么根的十位数字就是 6.现在让我们来验证一下,必然如此,即根的十位数字总是等于其所含百位数量的最大整数根.事实上,在我们的例子中根的十位数不可能大于 6,因为(7 个十)^2 =49 个百,超过了 4 082.但它也不可能小于 6,因为(6 个十)^2 =36 个百,小于 4 082.由于我们要找的是最大的整根,而 6 个 10 的平方是小于 4 082 的,所以决不能把 50 作为根.我们已经找到了根的十位数,即 6.把这个数字写在"="号的右边,记住它代表根的十位数.将其平方,我们得到 3 600.从 4 000 中减去这 36 个百,然后再添上余下的 82,即有如下表示

$$\begin{array}{l}\sqrt{40'82}=6\\ \underline{36\quad\quad}\\ 48'2\end{array}$$

得到的余数 482 应包含

$$2\cdot(6\text{ 个十})\cdot(\text{个位数})+(\text{个位数})^2$$

(6 个十)·(个位数)是十的倍数,所以十位数字与个位数字的乘积的 2 倍就是余数所含的整十数,即 48(我们通过舍去余数 482 右边的第一位数字得到).根的十位数字 6 的 2 倍等于 12,所以,我们用 12 乘以根的个位数字(目前是未知的),必须得到数字 48.为此,我们用 48 除以 12.要做到这一点,我们在余数 482 的左边画一条竖线,在线的左边空出一个位置,我们写出根的十位数的 2 倍即 12,然后用它除 48.

我们得到的商是 4.然而,我们不能事先确定 4 是否可以作为根的个位数,因为现在已经用 12 除余数中的整十数,而其可能不只是整十数与个位数乘积的 2 倍,还包含个位数平方而产生的十位数,因此,4 这个数字可能会大.我们必须做如下尝试.显然,如果 $2\cdot(60)\cdot4+4^2$ 不大于余数 482 就合适.我们可以用一个简单的方法来计算这个总和:我们把根的十位数乘以 2(即 12)写在竖线左

边，再在原来留出的空位填上 4(这就是为什么我们在竖线左边留出一个位置的原因)，然后将它们相乘得到 496(124 乘 4)，即

$$\sqrt{40'82}=6$$

$$\begin{array}{r|l} \multicolumn{2}{c}{36\ \vdots} \\ 124 & 48'2 \\ 4 & 496 \end{array}$$

事实上，我们通过做这个乘法，用 4 乘以 4，从而找到根的个位数的平方，然后我们用 12 个十乘以 4，从而找到根的十位与个位乘积的 2 倍. 其结果是两者的总和 496，大于余数 482，所以数字 4 大了. 看看下一个较小的数字 ——3，以同样的方式检验. 要做到这一点，需要抹去数字 4 和乘积 496，用 3 代替数字 4，然后用 123×3，从而有

$$\sqrt{40'82}=63$$

$$\begin{array}{r|l} \multicolumn{2}{c}{36} \\ 123 & 48'2 \\ 3 & \underline{369} \\ \multicolumn{2}{c}{113} \end{array}$$

乘积 369 小于余数 482，这意味着数字 3 是正确的(如果碰巧这个数字也很大，那么就应该尝试下一个更小的数字，即 2). 让我们把 3 写在根的个位上. 最后一个余数 113 表示给出的数 4 082 超过了它所包含的最大整数根的平方(63 的平方) 的多少. 要检验的话，就将 63 平方，然后加上 113，看其和是否等于 4 082，即

$$\begin{array}{r} 63^2=3969 \\ \underline{+\ \ 113} \\ 4082 \end{array}$$

因为所得的结果恰好等于 4 082，总的来说，这一次是正确的.

例 1

$$\sqrt{12'25}=35$$

$$\begin{array}{r|l} \multicolumn{2}{c}{9} \\ 65 & 32'5 \\ 5 & \underline{325} \\ \multicolumn{2}{c}{0} \end{array}$$

例 2

$$\sqrt{86'55}=93$$

```
    81
183| 55'5
3  | 549
   ------
      6
```

例 3

$$\sqrt{16'05}=40$$

```
   16
8|   0'5
 |
```

例 4

$$\sqrt{8'72}=29$$

```
   4
49| 47'2
9 | 441
  ------
    31
```


例 5

$$\sqrt{64'00}=80$$

```
  64
  ----
   00
```

在例 4 中，当用所含十位数的数量 47 除以 4 时，我们得出的商为 11. 但由于根的个位数字不可能是两位数的 11 或 10，接下来我们应该直接测试数字 9.

在例 5 中，所含百位数量的 64 减去 8 的平方，余数为 0，下一位数也是 0. 这表明所求的根只由 8 个十组成，因此必须用零来代替个位数.

§ 112 计算大于 10 000 的数的整数根

比如求$\sqrt{35\ 782}$. 由于这个数超过 10 000，所以它的根大于$\sqrt{10\ 000}=100$，因此它由 3 位或更多位的数字组成. 无论它由多少位组成，我们总是可以将它视为整十数和个位数的和. 例如，如果根是 482，我们可以认为它是 48 个十加上 2 个一. 那么根的平方仍然由三项组成，即

$$(\text{整十数})^2+2\cdot(\text{整十数})\cdot(\text{个位数})+(\text{个位数})^2$$

现在我们可以用与上面寻找$\sqrt{4\ 082}$ 完全相同的方法进行推理. 唯一的区别是，为了找到 4 082 根的整十数，我们需对 40 计算根的十位数，这可以通过乘法表完成；现在，为了找到$\sqrt{35\ 782}$ 的整十数，我们必须计算 357 的根，这不能通过乘法表完成. 然而，我们可以通过上一节所述的方法找到$\sqrt{375}$，因为 $357 < 10\ 000$，所以

$$\sqrt{3'57'82}=189$$

$$\begin{array}{r|l}
 & 1 \\
28 & 25'7 \\
8 & 224 \\
\hline
369 & 338'2 \\
9 & 3321 \\
\hline
 & 61
\end{array}$$

357 的最大整数根是 18. 因此，$\sqrt{3'57'82}$ 中一定有 18 个十位数.

为了找到个位，我们需从 35 782 减去 18 个十的平方，这是通过从 357 个百中减去 18 的平方个百来实现的，然后将余下的最后两位数 82 添到余数中：我们已经有了从 357 中减去 18 的平方的余数，即 33. 因此，要想得到 35 782 减去 18 个十的平方的余数，只需将 82 添加到 33 的右边.

接下来，我们按照寻找$\sqrt{4\ 082}$ 的方法进行，即在余数 3 382 的左边画一条竖线，在它左边写上（预留出个位）已找到的根的 2 倍，即 36（18 的 2 倍）. 在余数中，我们将其向右一位分开，然后用包含整十数的数量，即 338，除以 36. 得到的商是 9. 我们来检验这个数字 9，把它加到 36 的右边得到 369，然后再乘以 9，乘积为 3 321，小于余数 3 382. 所以，数字 9 是正确的，我们把它写在根的个位上.

一般来说，求给定数的整数根，首先求它含有的整十数的根. 如果这个整十数超过 100，那么所求的根含有百位，给定的数就含有万位；如果这个整十数超过 10 000，那么所求的根含有千位，给定数就有百万位，等等.

例 1

$$\sqrt{8'72'00'00}=2952$$

$$\begin{array}{r|l}
 & 4 \\
49 & 47'2 \\
9 & \underline{441} \\
585 & 310'0 \\
5 & \underline{2925} \\
5902 & 1750'0 \\
2 & \underline{11804} \\
 & 5696
\end{array}$$

例 2

$$\sqrt{3'50'32'60'89}=18717$$

$$\begin{array}{r|l}
 & 1 \\
28 & 250' \\
8 & \underline{224} \\
367 & 263'2 \\
7 & \underline{2569} \\
3741 & 636'0 \\
1 & \underline{3741} \\
37427 & 26198'9 \\
7 & \underline{261989} \\
 & 0
\end{array}$$

例 3

$$\sqrt{9'51'10'56}=3084$$

$$\begin{array}{r|l}
 & 9 \\
608 & 51'10 \\
8 & \underline{4864} \\
6164 & 2465'6 \\
4 & \underline{24656} \\
 & 0
\end{array}$$

在例 3 中，我们的第一个数字是 9，恰好是 3 的平方，9 减去 3 的平方，余数为 0. 落下 9 后面的两个数字，即 51. 而 51 中有 5 个十，3 的 2 倍是 6. 因此，用 5 除以 6，我们得到的数字是 0. 把 0 放在根的第二位，然后 51 再加上后两位数 10，得到 5110. 如上所述，继续这个过程.

在下面的例 4 中，所求的根只包含 9 个百，所以根的十位和个位需用零来代替.

例 4

$$\sqrt{81'00'00}=900$$
$$\underline{81}$$
$$0$$

规则:要计算一个给定数的整数根,从右到左,把它分成几个组,每个组有两个数字,最左边的第一组,可能有一个数字.

为了找到根的第一个数字,计算第一组的平方根.

为了找到根的第二个数字,从第一组减去根的第一个数字的平方,把第二组数字添到所得余数的后面,再用所得数的整十数除以根的第一个数字的 2 倍,把所得的整数放在除数的个位上.

这个计算是这样进行的:在竖线前面(余数的左边)写上之前找到的根的 2 倍,然后在右边写上要测试的数字,用根的 2 倍乘以要测试的数字,如果乘积大于余数,那么被测试的数字偏大,需要测试下一个更小的数字.

用同样的方法找到根的下一个数字.

如果要计算的整十数小于除数,即小于根中对应数字的 2 倍,那么就在根的相应位置添 0,落下原数中的下一组数字,继续计算.

§ 113　根的位数

从寻找根的过程可以看出,根的位数与根号里被开方数的分组数相同(最左侧的组可以是一个数字),换句话说,如果被开方数的位数是偶数,那么根的位数将是该数的一半,但如果被开方数的位数是奇数,那么根的位数将是该奇数加 1 的一半.

练　　习

计算下列数的整数部分.

199. $\sqrt{289}$;$\sqrt{4\ 225}$;$\sqrt{61\ 009}$;$\sqrt{582\ 169}$.

200. $\sqrt{13\ 524}$;$\sqrt{956\ 484}$;$\sqrt{57\ 198\ 969}$.

201. $\sqrt{68\ 492\ 176}$;$\sqrt{422\ 220\ 304}$.

202. $\sqrt{285\ 970\ 396\ 644}$.

203. 解释为什么任何以 2,3,7,8 这四个数字结尾的整数都不能是确切数字的平方.

第3节　平方根的近似计算

§114　不能精确计算平方根的两种情况

一个给定的整数或分数的精确平方根是其平方恰好等于该数的数,通过以下两条性质,我们可以判断什么样的数不能精确计算其平方根.

(1) 如果一个给定的数没有精确的整数根(其与根的整数部分的平方做差产生的余数不为零),那么也不能计算出这个数精确的分数根(即包含小数部分的精确根),因为任何不等于整数的分数,在与自己相乘时,其乘积也是一个分数,而不是一个整数.

(2) 由于分数的根等于分子的根除以分母的根,如果不能计算出分子和分母的精确根,则不能找到分数的精确根,比如说$\frac{4}{5}$,$\frac{8}{9}$,$\frac{11}{51}$就不能计算出精确根.对于这种不能精确计算其根的数,只能计算近似的根,这就是我们接下来要讨论的问题.

§115　精确到1的近似根

一个给定数(无论是整数还是分数)精确到1的近似平方根是满足以下两个条件的整数:(1) 该数的平方小于(或等于)给定的数;(2) 该数的平方加1后大于给定的数.换句话说,这个精确到1的近似平方根是给定数的最大整数平方根,即上一节中学习过的根.这个根被称为精确到1的近似根,因为为了得到精确根,必须在近似根上加上一个小于1的数,所以我们取的这个近似根与未知的精确根之间的误差小于1.

假设我们需要计算395.74精确到1的近似平方根,现在不考虑小数部分,只计算整数部分的根,即

$$
\begin{array}{r|l}
 & \sqrt{3'95} = 19 \\
 & 1 \\
29 & 29'5 \\
9 & 261 \\
 & 34
\end{array}
$$

此时，余数是 34，得到的 19 就是所求的近似根，因为$19^2 < 395.74$，且$20^2 > 395.74$.

规则：为了计算一个给定的数精确到 1 的近似平方根，只计算其整数部分最大的整数根.

通过这个规则找到的根是一个不足的近似根，因为它与精确根相比缺少了小数部分（小于 1）. 如果我们把这个根加 1，就会得到另一个比精确根大的数，而且大于部分小于或等于 1. 这个被加 1 的根也可以称为精确到 1 的近似根，只不过比精确根大了一些.

§116　精确到$\frac{1}{10}$的近似根

要找到$\sqrt{2.35104}$ 精确到$\frac{1}{10}$ 的近似根（不精确），即需要找到这样一个十进制数，它由整数和小数两部分组成，并满足以下两个要求：(1) 这个数的平方不超过 2.351 04；(2) 如果我们把它增加$\frac{1}{10}$，那么这个增加后的数的平方就会超过 2.351 04，由此

$$
\begin{array}{r|l}
 & \sqrt{2'35'10'4} = 1.5 \\
 & 1 \\
25 & 13'5 \\
5 & 125 \\
 & 10
\end{array}
$$

为了找到这样的分数，我们首先找到精确到 1 的近似根，也就是说，我们只从整数 2 中计算根，得到的是 1（余数为 1）. 在根的位置写上 1，并在后面加一个小数点，现在我们将寻找一个小数位. 要做到这一点，在余数 1 的右边加上后一组数 35，然后继续计算，就像计算整数 235 的根那样去操作. 把所得的数字 5 写

在根的十分位上．我们不需要根号中剩余的数字了(104)，由此得出的数 1.5 确实是一个精确到$\frac{1}{10}$的近似平方根．这从下面可以看出：如果我们要找 235 精确到 1 的最大整数根，那么我们会得到 15，因为，$15^2 \leqslant 235, 16^2 > 235$.

将上述各式中的所有这些数都除以 100，就可以得到

$$\frac{15^2}{100} \leqslant 2.35, \frac{16^2}{100} > 2.35$$

即

$$\left(\frac{15}{10}\right)^2 \leqslant 2.35, \left(\frac{16}{10}\right)^2 > 2.35$$

因此

$$(1.5)^2 \leqslant 2.35, (1.6)^2 > 2.35$$

故$(1.5)^2 < 2.351\,04, (1.6)^2 > 2.351\,04$.①

因此，1.5 就是我们要找的小数，即精确到$\frac{1}{10}$的近似根．那么用这种方法找

到以下各数精确到 0.1 的近似根，即

```
  √57'40 = 1.5     √0.30 = 0.5     √0.03'8 = 0.1
    49                25               1
145 | 84'0             5               28
  5 | 725
      115
```

§ 117　精确度在$\frac{1}{100}$，$\frac{1}{1\,000}$之间的近似根

现在，我们需要找到$\sqrt{248}$的这样的一个近似值．即，这个数将由整数部分、十分位和百分位组成，并满足两个要求：(1) 它的平方不超过 248；(2) 如果把这个分数增加$\frac{1}{100}$，增加后的分数的平方将超过 248．我们要找到这样的分数，首先要找到它的整数部分，然后找出十分位，再找百分位．整数部分将是整数 15．为了得到十分位上的数字，正如我们所看到的，我们必须在所得余数 23 的后面再加上两个 0，由此有

---

① 加上 0.001 04 后"$\leqslant$"变为"$<$"，而"$>$"不会改变(因为$0.001\,04 < 0.01$).

$$\sqrt{2'48'.0000}=15.74$$

```
      1
25 | 14'8
 5 | 125
307 | 230'0
  7 | 2149
3144 | 1510'0
   4 | 12576
        2524
```

在我们的例子中，要加的后面的这些数字根本不存在，把 0 补在其位置上. 如果我们把 0 加到后面，然后继续像找整数 24 800 的根一样去做，那么我们将找到十分位上的数，它是 7. 同理，我们在余数 151 的后面再加上两个 0，然后继续像找 2 480 000 的根一样去做. 我们就得到 15.74. 这个数字确实是 248 的近似平方根，这一点从下面可以看出. 如果我们要找 2 480 000 的整数平方根，那么我们将得到 1 574，因此，$1\,574^2 \leqslant 2\,480\,000$，且 $1\,575^2 > 2\,480\,000$.

通过将上述各式中的每个数都除以 $10\,000(=100^2)$，我们得到

$$\frac{1\,574^2}{100^2} \leqslant 248.000\,0, \frac{1\,575^2}{100^2} > 248.000\,0$$

所以

$$\left(\frac{1\,574}{100}\right)^2 \leqslant 248.000\,0, \left(\frac{1\,575}{100}\right)^2 > 248.000\,0$$

故

$$15.74^2 \leqslant 248, 15.75^2 > 248$$

所以小数 15.74 是我们要找的近似根，它是 248 精确到 $\frac{1}{100}$ 的近似根.

这一技巧也可以应用于寻找精确到 $\frac{1}{1\,000}$，$\frac{1}{10\,000}$ 的近似根，我们发现如下内容.

规则：要求一个给定的整数或小数的一个近似根，精确到 $\frac{1}{10}$，$\frac{1}{100}$，$\frac{1}{1\,000}$ 等，首先要找到精确到 1 的近似整数根（如果它不存在，在根的整数位写 0）.

然后找出根的十分位上的数字. 为此，把小数点右边的两个数字添加到余数中（如果没有，则在余数中添加两个 0），然后像计算整数根一样继续计算，由此产生的数字写在根的十分位上.

继续找百分位上的数字. 要做到这一点，接着将原数右边的两个数字再添

到新的余数后面，以此类推.

当计算一个带有小数部分的数的根时，把这个数从小数点开始分成向左（整数部分）和向右（小数部分）的两部分，对每个部分的数分组并求根.

例 1　求精确到$\frac{1}{100}$的近似根：(1) $\sqrt{2}$；(2) $\sqrt{0.3}$.

（1）

$$\sqrt{2}=1.41$$

$$\begin{array}{r|l}
 & 1 \\
\hline
24 & 10'0 \\
4 & 96 \\
\hline
281 & 40'0 \\
1 & 28'1 \\
\hline
 & 119
\end{array}$$

（2）

$$\sqrt{0.30}=0.54$$

$$\begin{array}{r|l}
 & 25 \\
\hline
104 & 50'0 \\
4 & 416 \\
\hline
 & 84
\end{array}$$

例 2　求精确到$\frac{1}{10\ 000}$的近似根：(1) $\sqrt{0.384\ 72}$；(2) $\sqrt{\frac{3}{7}}$.

（1）

$$\sqrt{0.38'47'20}=0.6202$$

$$\begin{array}{r|l}
 & 36 \\
\hline
122 & 24'7 \\
2 & 244 \\
\hline
12402 & 3200'0 \\
2 & 24804 \\
\hline
 & 7196
\end{array}$$

(b)

$$\sqrt{\frac{3}{7}}=\sqrt{0.42'85'71'42}$$

$$\sqrt{0.42'85'71'42}=0.6546$$

$$\begin{array}{r|l}
\multicolumn{2}{l}{\quad 36} \\
125 & 68'5 \\
5 & \underline{625} \\
1304 & 607'1 \\
4 & \underline{5216} \\
13086 & 85542 \\
6 & \underline{78516} \\
\multicolumn{2}{r}{7026}
\end{array}$$

最后一个例子中，我们将分数$\frac{3}{7}$转化为小数，计算出 8 位小数，以此再计算所求根的 4 位小数.

请注意，我们发现有一些特殊的表，其中包含了非常多的数的平方根(以一定的精度计算的)，使用这些表格的方法通常在表格的序言中给出.

§ 118　一般分数的近似平方根

只有当一个分数的分子和分母都是完全平方数时，才能计算出其精确的平方根(§ 114). 这种情况下，只需分别计算出分子和分母的根即可，例如

$$\sqrt{\frac{9}{16}}=\frac{\sqrt{9}}{\sqrt{16}}=\frac{3}{4}$$

如果将普通分数转化为小数，那么需要计算的小数位数，将是所求根的小数位数的 2 倍，普通分数具有一定精度的近似根是容易找到的. 例如，假设要找到$\sqrt{2\frac{3}{7}}$精确到 0.01 的根，则

$$\sqrt{2.4285}=1.55$$

$$\begin{array}{r|l}
\multicolumn{2}{l}{\quad 1} \\
25 & 14'2 \\
5 & \underline{125} \\
305 & 178'5 \\
5 & \underline{1525} \\
\multicolumn{2}{r}{260}
\end{array}$$

即保留小数点后两位. 要做到这一点,只需将$\sqrt{2\frac{3}{7}}$转化为小数,保留小数点后4位:$2\frac{3}{7}=2.428\ 5\cdots$ 并计算 2.428 5 精确到 0.01 的近似根.

然而,还有另一种方法. 我们将通过下面的例子来解释这种求近似根的方法.

我们先把分母变成完全平方数. 要做到这一点,需将分数的分子和分母同时乘以分母 24 即可,但在这个例子中,我们可以将 24 先分解质因数:$24=2\cdot2\cdot2\cdot3$. 由此可以看出,如果 24 先乘以 2,再乘以 3,那么每个质因数在乘积中重复的次数就都是偶数,因此,分母是完全平方数,即

$$\sqrt{\frac{5}{24}}=\sqrt{\frac{5}{2\cdot2\cdot2\cdot3}}=\sqrt{\frac{5\cdot2\cdot3}{2^4\cdot3^2}}=\frac{\sqrt{30}}{2^2 3}=\frac{\sqrt{30}}{12}$$

这时,我们需要以某一精度计算$\sqrt{30}$,并将其结果除以 12. 但请注意,除以 12 后的根也会降低精度. 因此,如果我们找到$\sqrt{30}$精确到$\frac{1}{10}$的根,并将其结果除以 12,那么我们得到$\frac{5}{24}$的近似根的误差在$\frac{1}{120}$之内的根是$\frac{54}{120}$或$\frac{55}{120}$.

练　　习

204. 求$\sqrt{13}$,分别精确到 1, 0.1 和 0.001.

205. 求$\sqrt{101}$,精确到$\frac{1}{100}$;求$\sqrt{0.8}$,精确到 0.01.

206. 求$\sqrt{0.008\ 1}$,精确到$\frac{1}{100}$;求$\sqrt{19.096\ 9}$,精确到$\frac{1}{100}$.

207. 求$\sqrt{356}$,分别精确到 1,0.1 和 0.01.

208. 计算以下分数的近似根,先把每个分数转化为小数,并将根精确到 0.01.

$\frac{3}{5},\frac{3}{7},\frac{7}{11},\frac{5}{12},\frac{7}{250}$.

209. 给出一个一般分数并计算它的近似平方根(要求:不把分数转化为小数,而是把分母变成完全平方数先开方).

210. 计算平方根:

$\sqrt{0.3}$,$\sqrt{5.7}$(精确到$\frac{1}{10}$);

$\sqrt{2.313}$，$\sqrt{0.00264}$（精确到$\frac{1}{100}$）.

历史背景

数学符号“$\sqrt{\quad}$”是由鲁道夫在1525年引入的，用来表示计算根．在此之前，它被简单地写成一个完整的词“根”（拉丁语：radix），然后被缩写为它的第一个字母，而这个字母逐渐演化为$\sqrt{\quad}$．

第 6 章　二次方程

§ 119　例题

一艘轮船沿着长为 28 km 的河流顺流而下并立即返回需要 7 h. 已知水的流速为 3 km/h,求这艘轮船在静水中航行的速度.

设这艘轮船在静水中航行的速度为 x km/h,因此,它顺流而下的速度为 $(x+3)$km/h,逆流而上的速度为 $(x-3)$km/h. 所以,轮船顺流而下航行28 km 需要 $\frac{28}{x+3}$h,而逆流而上航行需要 $\frac{28}{x-3}$h.

根据问题中的条件,我们得出方程

$$\frac{28}{x+3}+\frac{28}{x-3}=7$$

且由该方程,可得

$$28(x-3)+28(x+3)=7(x+3)(x-3)$$

也就是

$$28x-84+28x+84=7(x^2-9)$$

即

$$56x=7x^2-63$$

我们得到了一个二次项包含未知数,但没有包含未知数的更高次项的整式方程. 这样的方程就称为二次方程或平方方程.

通过直接代换,我们得到这个方程的根为 9 和 -1,其中只有第一个根 9 可以作为问题的答案.

下面,我们推导求解二次方程的一般规律.

§ 120　二次方程的一般形式

在二次方程(以及更高次数的方程) 中,通常在简化方程后,使方程的所有

项移到等号左边，等号右边等于0. 所以我们列方程来解决前面的问题，移项后，将得到

$$56x-7x^2+63=0$$

也就是移项后按字母 x 的降幂排列得到

$$-7x^2+56x+63=0$$

数 -7，$+56$ 和 $+63$ 称为这个二次方程的系数，其中 $+63$ 称为常数项，而 -7，$+56$ 是第一和第二系数(我们假设方程的项总是按照字母 x 的降幂排列). 这些数可以是正数，负数以及0(第一个系数不能为0，因为当第一个系数为0时，该方程不是二次方程). 如果三个系数都不为0，则该方程称为完全方程. 这种方程的一般形式(正常形式)如下

$$ax^2+bx+c=0$$

注意，我们总是可以通过将所有项前面的符号变为相反的符号使得第一个系数为正数(换句话说，将等式的两边分别乘以 -1). 所以上面的方程我们也可以写为

$$7x^2-56x-63=0$$

§121　解不完全二次方程

考虑一个方程，其不含 x 的一次项，或者没有常数项，换句话说，第二个系数为0或者常数项 c 为0. 在第一种情况下，方程的形式变为 $ax^2+c=0$，在第二种情况下，有 $ax^2+bx=0$(b，c 可以同时为0，那么方程将是 $ax^2=0$ 的形式). 现在我们考虑所有这些不完全方程的解.

(1) 形如 $ax^2+c=0$ 的不完全二次方程. 我们给出下面三个例子：

①$3x^2-27=0$. 将常数项移到右边，我们得到 $3x^2=27$，因此 $x^2=9$，这意味着 x 是9的两个平方根，即 $+3$ 或 -3. 我们规定用符号 $\sqrt{}$ 来表示根的算术值，这样我们就可以写为 $x=\pm\sqrt{9}=\pm3$. 因此，这个方程有两个解. 其中一个用 x_1 表示，另一个用 x_2 表示，我们可以这样写这些解

$$x_1=+\sqrt{9}=+3,x_2=-\sqrt{9}=-3$$

②$2x^2-0.15=0$. 移动常数项，我们得到

$$2x^2=0.15$$

即

$$x^2=0.075$$

也就是

$$x=\pm\sqrt{0.075}$$

将$\sqrt{0.075}$精确至$\frac{1}{100}$(见 §117),有

$$\sqrt{0.075}=0.27$$

```
    4
47 |35'0
 7 |32'9
     21
```

因此,$x_1=0.27\cdots$,$x_2=-0.27\cdots$.

③$2x^2+50=0$.把50移到等号右边,我们得到

$$2x^2=-50,x^2=-\frac{50}{2}=-25,x=\pm\sqrt{(-25)}$$

由于不可能从负数中得到平方根,因此该方程没有解(实数).

所以,对于形如$ax^2+c=0$的不完全二次方程,通常求解的过程如下

$$ax^2=-c,x^2=-\frac{c}{a},x=\pm\sqrt{-\frac{c}{a}}$$

如果表达式$-\frac{c}{a}$是正数(即数a和c异号),则从中可以推导出平方根(确切值或近似值),对于x,我们得到两个绝对值相同的解,其中一个是正数,一个是负数.如果表达式$-\frac{c}{a}$是负数(即数c和a同号),则该方程没有实根.

(2) 形如$ax^2+bx=0$的不完全二次方程.举一个特殊的例子,考虑方程$2x^2-7x=0$.在方程的左边,我们提出x,得

$$x(2x-7)=0$$

现在方程的左边是两项的乘积,右边是0.但仅当其中任意一个因式为0时,乘积才为0.因此,方程仅在第一个因式x为0时,或者第二个因式$2x-7$为0时才成立(因此,$x=\frac{7}{2}$).所以,这个方程有两个解,即

$$x_1=0,x_2=\frac{7}{2}=3\ \frac{1}{2}$$

因此,形如$ax^2+bx=0$的不完全二次方程一般这样来解

$$ax^2+bx=0,x(ax+b)=0$$

$$x_1=0,ax_2+b=0,x_2=\frac{-b}{a}$$

(3) 形如 $ax^2=0$ 的不完全二次方程. 这样的方程显然只有 $x=0$ 这个解.

练　　习

求解如下方程:

211. $3x^2-147=0$; $\frac{1}{3x^2}-3=0$; $x^2+25=0$.

212. $\frac{3(x^2-11)}{5}-\frac{2(x^2-60)}{7}=36$; $\frac{4}{x-3}-\frac{4}{x+3}=\frac{1}{3}$.

213. $2x^2-7x=0$; $\frac{3}{7}x^2+x=0$; $0.2x^2-\frac{3}{4}x=0$.

214. $x^2=x$; $x^2-16x=0$; $7x^2=0$.

215. $(x-2)(x-5)=0$; $x(x+4)=0$; $3(y-2)(y+3)=0$.

§122　解完全二次方程的例子

这里的第一个例题,我们引用 §119 中的二次方程

$$7x^2-56x-63=0$$

将所有项除以 7 并将常数项移到等号右端,得

$$x^2-8x=9$$

现在有一个问题,我们想知道在 x^2-8x 这个二次二项式中,能否增加第三项使其形成一个完全的二次三项式. 如果我们将二次二项式表示为

$$x^2-2x\cdot 4$$

就可以很容易地回答这个问题. 很明显,如果这个二次二项式添加 4^2,那么我们将得到一个二次三项式

$$x^2-2x\cdot 4+4^2$$

它等于 $x-4$ 的差的平方. 但是,如果我们将 4^2(即 16)添加到等式的左边,那么我们应该将相同的数也添加到等式的右边. 这样做以后,我们得到

$$x^2-8x+16=9+16$$

即

$$(x-4)^2=25$$

因此 $x-4$ 的差的平方是 25,所以此差必须等于 25 的平方根,即 5 或 -5,所以

$$x-4=+\sqrt{25}=+5 \text{ 或 } x-4=-\sqrt{25}=-5$$

现在将 -4 移到等式的右边,我们得到了两个解,即

$$x_1=4+5=9, x_2=4-5=-1$$

这两个值都是这个方程的根(可以通过检验来验证),但从方程中得出的负根 -1,对于这个问题不适用,因为在题中是要求出速度的绝对值而不是它的方向.

第二个例题,引用方程

$$3x^2+15x-7=0$$

将方程的所有项除以 3,并将常数项移到等号右边,得

$$x^2+5x=\frac{7}{3}$$

如果将第三项 $\left(\frac{5}{2}\right)^2$ 添加到左边这个二次二项式,就可以得到其与二次二项式 x^2+5x 的和的完全平方.所以同时在等式左右两边分别添加这个项,我们得到

$$x^2+5x+\left(\frac{5}{2}\right)^2=\left(\frac{5}{2}\right)^2+\frac{7}{3}$$

$$\left(x+\frac{5}{2}\right)^2=\frac{25}{4}+\frac{7}{3}=\frac{75+28}{12}=\frac{103}{12}$$

如此,可以看出 $x+\frac{5}{2}=\pm\sqrt{\frac{103}{12}}$,因此

$$x_1=-\frac{5}{2}+\sqrt{\frac{103}{12}}, x_2=-\frac{5}{2}-\sqrt{\frac{103}{12}}$$

我们把$\sqrt{\frac{103}{12}}$ 精确到$\frac{1}{10}$,得

$$\sqrt{\frac{103}{12}}=\sqrt{8.58\cdots}=2.9\cdots$$

所以

$$x_1=-2.5+2.9\cdots=0.4\cdots, x_2=-2.5-2.9\cdots=-5.4\cdots$$

§123　解二次方程的根的公式

第一个系数为 $+1$ 的二次方程称为简化方程,正如我们在示例中看到的那样.即使在第一个系数不是 1 的情况下,我们也可以得出简化方程,只需要将方程的所有项除以该项系数.一般来讲,这个方程如下所示

$$x^2+px+q=0$$

解这个含有字母的方程，我们需要对其进行如特定示例中指出的类似情况进行变换，将常数项移到等号右边，即

$$x^2+px=-q$$

因为 $px=2x\cdot\frac{p}{2}$，那么，要想在方程的左边得到一个完全平方，就要在方程的两边加上 $\left(\frac{p}{2}\right)^2$，即

$$x^2+px+\left(\frac{p}{2}\right)^2=-q+\left(\frac{p}{2}\right)^2$$

现在方程可以表示为

$$\left(x+\frac{p}{2}\right)^2=\left(\frac{p}{2}\right)^2-q$$

从中我们可以得到

$$x+\frac{p}{2}=\pm\sqrt{\left(\frac{p}{2}\right)^2-q}$$

即

$$x=-\frac{p}{2}\pm\sqrt{\left(\frac{p}{2}\right)^2-q}$$

这个公式可以表述如下：

此二次方程的根等于第二个系数的一半的相反数加上或减去第二个系数一半的平方与常数项的相反数的和的平方根.

这个公式必须记住，无论是书面的还是口头的.

例 1　$x^2-x-6=0$. 把这个方程比作方程 $x^2+px+q=0$，让我们这样想

$$x^2+(-1)x+(-6)=0$$

现在可以看出，这里 $p=-1, q=-6$，因此

$$x=\frac{1}{2}\pm\sqrt{\frac{1}{4}+6}=\frac{1}{2}\pm\sqrt{\frac{25}{4}}=\frac{1}{2}\pm\frac{5}{2}$$

$$x_1=\frac{1}{2}+\frac{5}{2}=3, x_2=\frac{1}{2}-\frac{5}{2}=-2$$

检验：$3^2-3-6=0, (-2)^2-(-2)-6=0$.

例 2　$x^2-18x+81=0$；这里 $p=-18, q=81$，所以

$$x=9\pm\sqrt{81-81}=9\pm0=9$$

该方程只有一个根.

例 3　$x^2-2x+5=0, x=1\pm\sqrt{1-5}=1\pm\sqrt{-4}$ 虚根.

练　　习

求解下列方程：

216. $x^2+10x+5=2x^2-6x+53$.

217. $x^2+6x=27$.

218. $x^2-5\frac{3}{4}x=18$.

219. $12x-\frac{6}{x}=21$.

220. $\frac{x}{7}+\frac{21}{x+5}=6\frac{5}{7}$.

221. $x+2=\frac{9}{x+2}$.

222. $\frac{x-5}{4}-\frac{4}{5-x}=\frac{3x-1}{4}$.

223. $x+\frac{1}{x-3}=5$.

224. $\frac{2x}{x-d}=\frac{x-d}{d}$.

225. 在 t 为何值时 $2t-5$ 乘 $t-4$ 等于 $t+8$?

226. $abx^2-(a^2+b^2)x+ab=0$.

§124　二次方程根的通式

将方程 $ax^2+bx+c=0$ 的所有项除以 a 得出方程

$$x^2+\frac{b}{a}x+\frac{c}{a}=0$$

通过公式解这个方程，我们发现

$$x=-\frac{b}{2a}\pm\sqrt{\left(\frac{b}{2a}\right)^2-\frac{c}{a}}$$

上式可以化简如下

$$x=-\frac{b}{2a}\pm\sqrt{\frac{b^2}{4a^2}-\frac{c}{a}}=-\frac{b}{2a}\pm\sqrt{\frac{b^2-4ac}{4a^2}}$$

$$=-\frac{b}{2a}\pm\frac{\sqrt{b^2-4ac}}{2a}=\frac{-b\pm\sqrt{b^2-4ac}}{2a}$$

在这种简化形式中，记住公式是很有用的. 它可以表述如下：

一个完全二次方程的根是一个分数，其分子是第二个系数的相反数加上或减去该系数的平方减4倍的第一个系数和常数项的乘积的平方根，而分母是第一个系数的2倍.

这个公式被称为一般公式，因为它既适用于简化的方程（假设 $a=1$）也适用于不完全的二次方程（比方说，$b=0$ 或 $c=0$）.

§125　当系数 b 是偶数时，简化通式

如果 b 是偶数，则可以简化通式. 此时，令 $b=2k$，我们发现

$$x=\frac{-2k\pm\sqrt{4k^2-4ac}}{2a}=\frac{-2k\pm\sqrt{4(k^2-ac)}}{2a}$$

$$=\frac{-2k\pm2\sqrt{k^2-ac}}{2a}=\frac{-k\pm\sqrt{k^2-ac}}{a}$$

这个公式与一般公式的不同之处在于没有因数4和2.

§126　二次方程根的数量

我们已经看到二次方程有时有两个根，有时有一个根，有时没有根（假想根的情况）. 然而我们默认在所有情况下二次方程有两个根，同时认为有时是相等的两个根，有时是虚根. 这样默认的原因是，表示虚根的公式具有与实根相同的特性，因为在对虚数进行处理时，也需要遵循实数推导的规则，同时考虑到 $(\sqrt{-a})^2=-a$. 同样，当方程有一个根时，我们默认这个方程有两个相等的根.

练　　习

227. $2x^2-3x-5=0$.

228. $(2x-3)^2=8x$.

229. $5x^2-8x+0.24=0$.

230. $65x^2+118x-55=0$.

231. $(x-3)(x-4)=12$.

232. $\frac{x}{x+60}=\frac{7}{3x-5}$.

233. $x+\frac{1}{x}=a+\frac{1}{a}$.

234. 找到三个连续的偶数,使它们的平方和等于 776.

235. 矩形的面积为 48 cm^2,其周长为 28 cm. 求矩形的长与宽.

236. 一个直角三角形的边长为三个连续的偶数,找出一组这样的数.

237. 如果多边形有 n 条边,其所有对角线的数量为$\frac{1}{2}n(n-3)$,当多边形有多少条边时,才能使它有 54 条对角线.

238. 一架飞机沿直线飞行 450 km 后立即返回到起点需要 $5\frac{1}{2}$ h,去时逆风飞行,返回时顺风飞行,在没有风的情况下飞机本身的速度为 165 km/h,求风的速度.

239. 买了若干条手帕花了 60 卢布,如果每条手帕的单价下调 1 卢布,就可以多买三条。问在不降价的情况下用 60 卢布可以买多少条手帕?

240. 某学校把 240 张纸平均分给一年级的所有学生,又把相同数量的纸平均分给二年级的学生. 二年级每个学生比一年级多分到两张纸. 如果二年级比一年级少 10 个学生,那么一年级每个学生收到了多少张纸?

习题答案

1. $4a$; a^2. 2. $6m^2$; m^3. 3. $x(x-d)$. 4. $10x+y$. 5. $100a+10b+c$. 6. $\frac{ma+nb}{a+b}$. 7. x^2+y^2; $(x+y)^2$; x^2y^2; $(xy)^2$; $(a+b)(a-b)$; $\frac{m+n}{m-n}$,或$(m+n):(m-n)$. 8. 84;44;552;336;$9\frac{1}{3}$;$5\frac{3}{5}$. 9. $3(x+y)(x-y)$. 10. $3a+2b$; 25. 11. $5+ab-4a$; $a+2x$. 12. n; $5a^3b^2x^3$. 13. $6xyz$; $2ax$. 14. $5x+15$; $7x+7y+7z$. 15. $\frac{a}{2}+2b-c$; $5a^2b$. 16. $8x-2y$; $4ax$. 17. $\frac{a}{b}$; $3x$. 18. $+10$; -10; $+3$. 19. -3; $+8$; -2. 20. 0; -3; $+1$. 21. -1; -2; $+2$. 22. $+2$. 23. 0. 24. $b-a$; -5(亏损). 25. $m-n$; -10(负债). 26. 14;10;18;2. 27. $a+b$; $m+n$; $5x$. 28. 12. 29. $-1\frac{3}{4}$. 30. $+5$. 31. $10+(-2)+(-3)+7$. 32. $10-(-8)$. 33. $+6$; -14; $+80$. 34. $-23\frac{3}{8}$; 0.054. 35. $+1$; -1; $+1$; -1. 36. 27. 37. -27. 38. 0; 0;0;0;0. 39. $3\frac{1}{16}$. 40. $+5$; -5; -5; $+5$. 41. $-a$; -5; x^2. 42. 0;0;0;0. 43. $+10$; $+300$; -35; $+0.4275$. 44. 30 000;750;246. 45. -0.5. 46. $10a^3x^3$; $-10a^2bx^2$; $-\frac{3}{8}a^2bx^2$; $-20m^2x^2y^3$. 47. $a+a$; $ax+ax+ax$; $a^2b+a^2b+a^2b+a^2b+a^2b$; $(a+1)+(a+1)+(a+1)+(a+1)$. 48. 90; $\frac{13}{15}$; $2\frac{25}{48}$; -28; -936. 49. 0;31; -4. 50. $+1$ 和 -1. 51. $a^3x^2+4\frac{1}{2}a^2x^3$. 52. $2x-16.3xy$. 53. $a+3\frac{1}{2}mxy^2$. 54. $a-3\frac{1}{2}mxy^2$. 55. $4a^3-3a^2b-13ab^2$. 56. $x^5-7a^2x^3$. 57. $2z$. 58. $4x^3+x^2+3x+1$. 59. $8a^3-11a^2b+14ab^2-3b^3$. 60. p^2+p+15. 61. $4x^2+3y^2-y-1$. 62. $\frac{1}{4}x^2-x+\frac{4}{5}$. 63. $4a^2+4b^2-c^2$. 64. $x+y$; $2m-2n$. 65. $b-2c$. 66. $4x^2$. 67. $a-(b+c-d)$; $a-b+(-c+d)$; $a-(b+c)+d$.

68. $15a^3b^7c$；$\frac{5}{8}a^2x^6$. 69. $0.81a^3b^2x^3$；$a^5b^8c^3$. 70. $\frac{9}{49}m^2x^4y^6$；$8a^9b^3x^6$. 71. $0.01x^{2m}y^6$；$\frac{1}{8}m^6n^3y^9$. 72. $6a^3b-4ab^4+2abc$. 73. $25a^3b-20a^4b^2+15a^5b^3-35a^6b^4$. 74. $am+bm-cm-an-bn+cn$；$6a^2-3ab+2ab^2-b^3$. 75. $2a^2-\frac{1}{2}b^2$；x^3-y^3. 76. x^3+y^3. 77. $6x^2+5xy-6y^2$；y^4-1. 78. $x^6+1\ 008x+720$. 79. $x^9-x^5-x^4+2x^3-x^2-x+1$. 80. x^6-a^6. 81. a^2+2a+1；$1+4a+4a^2$；$x^2+x+\frac{1}{4}$. 82. $9a^4+6a^2+1$；$0.01m^2x^2+mx^3+25x^4$. 83. $25a^2-20a+4$；$9x^2-12ax+4a^2$；$9a^4-3a^2+\frac{1}{4}$. 84. $101^2=(100+1)^2=100^2+2\cdot100\cdot1+1^2=10\ 201$；$997^2=(1\ 000-3)^2=\cdots=994\ 009$；$96^2=9\ 216$；$57^2=3\ 249$；$72^2=5\ 184$；$89^2=7\ 921$. 85. $4m^2-12mn+9n^2$；$9a^4x^2-24a^3xy+16a^2y^2$；$0.04x^6-0.15x^3+\frac{9}{64}$. 86. $\frac{1}{4}x^4-3\frac{1}{2}x^3+12\frac{1}{4}x^2$；$0.062\ 5p^2-0.1pq+0.04q^2$. 87. a^2-1；$4a^2-25$. 88. $4x^2-9$；$1-a^4$. 89. $(x^2+1)(x^2-1)=x^4-1$；$(4x^2+y^2)(4x^2-y^2)=16x^4-y^4$. 90. $[(m+n)-p][(m+n)+p]=(m+n)^2-p^2$；$a^2-(b+c)^2=a^2-b^2-2bc-c^2$. 91. a^3+3a^2+3a+1；a^3-3a^2+3a+1；$8x^3+36x^2+54x+27$；$125+225x+135x^2+27x^3$. 92. $\frac{1}{8}m^3-\frac{3}{2}m^2+6m-8$；$\frac{27}{64}p^3+\frac{9}{16}p^2q+\frac{1}{4}pq^2+\frac{1}{27}q^3$；$125-225x+135x^2-27x^3$. 93. $2a^2xy$；$-\frac{3}{5}x^2$. 94. $-\frac{6}{5}a^3$；$3a^{m-1}b^2$. 95. $5\frac{1}{3}a+8b-16a^2b^4$. 96. $9x^2-6ax+a^2$. 97. $1-2y+y^2-y^3$. 98. $x-4$；$y+1$. 99. $3x^2-2$. 100. $3ax^3$. 101. $x-a$. 102. $2(a+x)$；$a(x+y)$；$2y(2y-3x)$. 103. $2a(2x-y)$；$3xy(2x+3y)$. 104. $3ab(4a-3ab-2b^2)$；$xy(y-7+4x)$. 105. $(m+n)(m-n)$；$(a+1)(a-1)$；$(1+a)(1-a)$. 106. $(x+2)(x-2)$；$(m+3)(m-3)$；$(2x+y)(2x-y)$. 107. $\left(\frac{1}{2}x^2+\frac{1}{3}y^3\right)\left(\frac{1}{2}x^2-\frac{1}{3}y^3\right)$；$(0.1a^3+3)(0.1a^3-3)$；$3a(a^2+4b^4)\cdot(a+2b^2)(a-2b^2)$. 108. $(x-y+a)(x-y-a)$；$[3(a+2b)+1]\cdot[3(a+2b)-1]$；$(a+b+c)(a-b-c)$109. $(x+y+x-y)(x+y-x+y)=2x\cdot2y=4xy$；$4(x-y)(3x+y)$. 110. $(x-y)^2$；$(m+n)^2$. 111. $(a+b)^2$；

$(a-2b)^2$. 112. $(x+4)^2$；$(x+1)^2$. 113. $5a(a-2b)^2$. 114. $(a+b)^2-c^2=(a+b+c)(a+b-c)$；$a^2-(b^2+2bc+c^2)=a^2-(b+c)^2=(a+b+c)\cdot(a-b-c)$. 115. $(a+b)x+(a+b)y=(a+b)(x+y)$；$a(c-d)+b(d-c)=a(c-d)-b(c-d)=(c-d)(a-b)$. 116. $a(a+b)-(a+b)=(a+b)(a-1)$；$xz+xy-3y-3z=x(y+z)-3(y+z)=(y+z)(x-3)$. 117. $4mn-2nx+xy-2my=2n(2m-x)+y(x-2m)=2n(2m-x)-y(2m-x)=(2m-x)(2n-y)$；$(2a-3)(2a-3)(2a+3)$. 118. $\frac{5x}{7y}$；$\frac{3ab}{10m}$；$\frac{8a^2}{11b}$；$\frac{25m}{59n}$. 119. $\frac{9ab}{10x^2}$；$\frac{14a^3}{15b}$；$\frac{12x-1}{4a-4b}$. 120. $\frac{17(a+b)}{34}=\frac{a+b}{2}$；$\frac{2(9a-7)}{6-a}$. 121. $\frac{ax^2+bx+c}{ax^2+x}$；$\frac{x^2+ax-b}{x^2-x}$. 122. $\frac{x-1}{x}$；$\frac{3a^2}{b-a}$；$\frac{a-1}{b-2}$. 123. $\frac{a^2+b^2-2ab}{a-b}$；$\frac{m^2-1}{m-1}$. 124. $-\frac{3a}{6}$；$-\frac{5x^2}{3}$；$-\frac{a-1}{b}$；$-\frac{a}{x-2}$；$-\frac{m^2-n^2}{m-n}$. 125. $\frac{1}{x}$；$\frac{2}{3m}$；$\frac{2a}{3b}$；$\frac{3xy}{8}$. 126. $\frac{3b}{2x}$；$\frac{ac}{4b}$；$\frac{16axy^3}{15}$. 127. $\frac{b}{a+b}$；$\frac{3y}{x-y}$；$\frac{a+2}{a-2}$. 128. $\frac{a+1}{a-1}$；$\frac{1}{x+3}$；$\frac{a}{a-1}$. 129. $\frac{x-1}{2x(x+1)}$；$\frac{a+x}{3b-cx}$；$\frac{5a}{a-x}$. 130. $(a+b)(a-b)$；$\frac{1}{y^2-1}$. 131. $\frac{3b}{ab}$，$\frac{4a}{ab}$；$\frac{4x^2}{12xy}$，$\frac{3y^2}{12xy}$；$\frac{x^2}{4x}$，$\frac{16}{4x}$. 132. $\frac{4bc}{2abc}$，$\frac{6ac}{2abc}$，$\frac{ab}{2abc}$；$\frac{105b^2x^2}{60a^2b^2x}$，$\frac{40a^2x}{60a^2b^2x}$，$\frac{48a^2b^4}{60a^2b^2x}$. 133. $\frac{20mx^3y^2}{12a^2bcmx^2y}$，$\frac{9a^3b^2c}{12a^2bcmx^2y}$；$\frac{2a^2bx}{8a^3b^2}$；$\frac{y}{8a^3b^2}$. 134. $\frac{15x^3}{40abx^3}$，$\frac{120abx^4}{40abx^3}$，$\frac{8a^2b}{40abx^3}$. 135. $\frac{3(x+y)^2}{6(x^2-y^2)}$，$\frac{2(x-y)^2}{6(x^2-y^2)}$；$\frac{m-1}{m^2-1}$，$\frac{2}{m^2-1}$，$\frac{3(m+1)}{m^2-1}$. 136. $\frac{2}{(x-1)^2}$，$\frac{3a(x-1)}{(x-1)^2}$；$\frac{2x-1}{(x-1)(2x-1)}$，$\frac{2(x-1)}{(x-1)(2x-1)}$，$\frac{1}{(x-1)(2x-1)}$. 137. $\frac{3x}{84a^3b^2}$，$\frac{4aby}{84a^3b^2}$；$\frac{2ab(a+b)}{b(a^2-b^2)}$，$\frac{b}{b(a^2-b^2)}$. 138. $\frac{6bc+3ac+2ab}{6abc}$；$\frac{6+5x}{3x^2}$；$\frac{2a-2x-5}{4}$. 139. $\frac{x^2-5x+2}{x^2}$. 140. $\frac{1+x}{2}$；$\frac{5x-6}{3}$；$\frac{5-2x}{3}$. 141. $\frac{1}{1-4x^2}$. 142. $\frac{2a^2b-ab-2b^2-a^2}{a(a+b)(a-b)}$. 143. $\frac{m^2}{(m+n)(n-1)}$. 144. $-\frac{6b}{7x^2}$；$\frac{1}{5(1+a)x}$. 145. $\frac{12p^2q^2x^2y^2}{n^4a^3}$；$2a(x-1)$. 146. $\frac{a(a+2b)}{b^2}$；$\frac{9b^2c^2x^2}{16a^2z^2}$. 147. $\frac{3a^3}{5mp}$；$15a^2x^2y$. 148. $\frac{1}{5(a-b)}$；$\frac{x+y}{x-y}$. 149. (3)，(4)，(6) 为方程，其余为恒等式. 150. 17；5；5. 151. 27；9；12. 152. 3；2；$\frac{13}{20}$.

153. 2.7;50. 154. 9; -3; -4. 155. 1;$5\frac{3}{7}$. 156. $2\frac{6}{11}$. 157. $7\frac{1}{13}$. 158. 2. 159. $-17\frac{25}{27}$. 160. 1 348 和 1 200. 161. 20,30,50. 162. $2\frac{1}{2}$. 163. 12.8 kg 和 19.2 kg. 164. 15 km 和 18 km. 165. 0. 166. $\frac{c}{2(a-b)}$. 167. $\frac{4-4a}{b-3}$. 168. $\frac{2q}{b_1+b_2}$. 169. $x=2,y=1;x=1,y=-2;x=-3,y=-3$. 170. $x=-\frac{1}{2},y=1;x=5,y=1;x=7,y=2$. 171. $x=\frac{35}{13};y=-\frac{23}{13}$. 172. $x=\frac{c}{a+bm},y=\frac{mc}{a+bm};x=\frac{a+bm}{mn-1},y=\frac{an+b}{mn-1}$. 173. $a=3,b=-5$. 174. 1 卢布 10 戈比和 40 戈比. 175. 40 和 25. 176. 200;11 km. 177. $9\frac{1}{3}m$,$9\frac{2}{3}m$ 和 $13\frac{1}{3}m$,$1\frac{2}{3}m$. 178. $x=2,y=3,z=5$. 179. $x=3\frac{1}{2},y=2\frac{1}{4},z=4$. 180. $x=4,y=0,z=5$. 181. $x=51,y=76,z=1$. 182. $x=8,y=10,z=5$. 183. $x=36,y=6$. 184. $x=2,y=4,z=1,u=5$. 185. $x=6,y=12,z=8$. 186. 将第二个方程与第三个方程相加得到:$2x=32$,$x=16$. 用第一个方程减去第二个方程得到:$2z=11,z=5\frac{1}{2}$. 最后,用第一个方程减去第三个方程得到:$2y=15\frac{1}{2},y=7\frac{3}{4}$. 187. $1\frac{7}{8}$ 卢布;$\frac{1}{2}$ 卢布;5 卢布. 188. 133;150;76. 189. ± 10; ± 0.1; $\pm\frac{3}{4}$; $\pm a$. 190. 5;a. 191. $+3$; -3; -0.1. 192. ± 2;虚数;虚数. 193. ± 6; ± 0.25; $\pm 2ab$; $\pm 3axy^2$. 194. $-3ab$; $\pm\frac{1}{2}ax$; $\sqrt[5]{a}$, $\sqrt[5]{b}$, $\sqrt[5]{c}$. 195. $\pm a^2$; $\pm 2^2$; $\pm x^3$; $\pm(a+b)^2$. 196. 2^2;$-a^2$;x^3;$(m+n)^2$. 197. $\frac{2}{5}$;$-\frac{3}{10}$;$\frac{a^2}{b}$;$\frac{\sqrt[3]{x}}{y}$;$\pm\frac{\sqrt{x}}{\sqrt{y}}$. 198. $\pm 5a^3bc^2$; $\pm 0.6x^2y$;$\pm\frac{1}{2}(b+c)^3x^2$. 199. 17;65;247;763. 200. 368;978;7 563. 201. 8 276;20 548. 202. 534 762. 203. 整数平方的最后一位数字必须是以前十个数的平方为结尾的数字之一:0,1,2,3,…,9. 但是这些数的平方没有以 2,3,7,8 结尾的. 204. 3;3.6;3.606. 205. 10.05;0.89. 206. 0.09;4.37. 207. 19;18.9;18.89. 208. 0.77; 0.65;0.79;0.65;0.17. 209. $\frac{1}{5}\sqrt{15}=\frac{387}{500}$(精确到$\frac{1}{500}$);$\frac{1}{7}\sqrt{21}=\frac{458}{700}$(精确到$\frac{1}{700}$);$\frac{1}{11}\sqrt{77}=\frac{877}{1\,100}$(精确到$\frac{1}{1\,100}$);

$\frac{1}{12}\sqrt{60}=\frac{774}{1\ 200}$(精确到$\frac{1}{1\ 200}$)；$\frac{1}{250}\sqrt{1\ 750}=\frac{4\ 183}{25\ 000}$(精确到$\frac{1}{25\ 000}$). 210. 0.5，2.4；1.52，0.05. 211. ±7；±3；$\pm\sqrt{-25}$. 212. ±9；±9. 213. 0 和 $3\frac{1}{2}$；0 和 $-2\frac{1}{3}$；0 和 3.75. 214. 0 和 1；0 和 16；0. 215. 2 和 5；0 和 -4；2 和 -3. 216. 12 和4. 217. 3 和 -9. 218. 8 和 $-2\frac{1}{4}$. 219. 2 和 $-\frac{1}{4}$. 220. 44 和 -2. 221. 1 和 -5. 222. 6 和 -3. 223. 4. 224. $d(2\pm\sqrt{3})$. 225. $t_1=6$；$t_2=1$. 226. $\frac{a}{b}$ 和 $\frac{b}{a}$. 227. $2\frac{1}{2}$ 和 -1. 228. $4\frac{1}{2}$ 和 $\frac{1}{2}$. 229. $\approx1.569\ 4$ 和 $\approx0.030\ 6$. 230. $\frac{5}{13}$ 和 $-\frac{11}{5}$. 231. 7 和 0. 232. 14 和 -10. 233. a 和 $\frac{1}{a}$. 234. 14，16，18 和 -18，-16，-14. 235. 6 和 8. 236. 6，8，10. 237. 12. 238. 15 km/h. 239. 12. 240. 一年级有 40 人，每名同学得到 6 张纸.

后　　记

初次读到这本书大约是10年前，书中一些概念的引入给我留下了深刻的印象，思维缜密，层层深入，运算规则等的介绍贯穿了尝试与探究思想，以详实的例子和逻辑联结驱动结果的获得引人入胜，数学味道浓厚. 今天看来，仍是中学生和中学数学教育工作者非常优秀的学习和参考资料.

近几年，随着不断参与一些中学数学教研活动和对比国内外多版本中学教材，发现本书中的思想和方法越来越值得深入学习，从而觉得有必要把此书翻译出版，以期更多人受益.

2019年，笔者开始准备翻译此书，先是在俄语专业同事和同学的帮助下，进一步弄清了一些关键用语及其深刻含义，理清了全书的思路和脉络，后经包括中学生和中学一线教师在内的几个小组多轮的初稿试讲和讨论，基于学生和教师的不同视角统一了认识，润色了内容.

在本书的翻译和出版过程中，得到了诸多同行和同学的帮助和支持，特别是吉林师范大学外国语学院和数学学院的同事及同学给予了无私的帮助，他们包括外国语学院梅春才教授、韩强教授，俄语系2016级宣路平、王立杰等同学，2017级杨海新等同学，2018级刘金焱、张娟、刘兆旭、于林弘等同学，2019级陈雨欣等同学，数学学院2020级硕士研究生韩烨等同学，2021级硕士研究生王莹等同学，数学与应用数学专业2020级卓师班刘禹彤、齐雨荷、邢琳琳、王嘉琦等同学. 在此向他们表示衷心的感谢！同时还要感谢哈尔滨工业大学出版社的编辑同志的辛苦付出.

刘培杰数学工作室
已出版(即将出版)图书目录——初等数学

书　　名	出版时间	定　价	编号
新编中学数学解题方法全书(高中版)上卷(第2版)	2018—08	58.00	951
新编中学数学解题方法全书(高中版)中卷(第2版)	2018—08	68.00	952
新编中学数学解题方法全书(高中版)下卷(一)(第2版)	2018—08	58.00	953
新编中学数学解题方法全书(高中版)下卷(二)(第2版)	2018—08	58.00	954
新编中学数学解题方法全书(高中版)下卷(三)(第2版)	2018—08	68.00	955
新编中学数学解题方法全书(初中版)上卷	2008—01	28.00	29
新编中学数学解题方法全书(初中版)中卷	2010—07	38.00	75
新编中学数学解题方法全书(高考复习卷)	2010—01	48.00	67
新编中学数学解题方法全书(高考真题卷)	2010—01	38.00	62
新编中学数学解题方法全书(高考精华卷)	2011—03	68.00	118
新编平面解析几何解题方法全书(专题讲座卷)	2010—01	18.00	61
新编中学数学解题方法全书(自主招生卷)	2013—08	88.00	261
数学奥林匹克与数学文化(第一辑)	2006—05	48.00	4
数学奥林匹克与数学文化(第二辑)(竞赛卷)	2008—01	48.00	19
数学奥林匹克与数学文化(第二辑)(文化卷)	2008—07	58.00	36′
数学奥林匹克与数学文化(第三辑)(竞赛卷)	2010—01	48.00	59
数学奥林匹克与数学文化(第四辑)(竞赛卷)	2011—08	58.00	87
数学奥林匹克与数学文化(第五辑)	2015—06	98.00	370
世界著名平面几何经典著作钩沉——几何作图专题卷(共3卷)	2022—01	198.00	1460
世界著名平面几何经典著作钩沉(民国平面几何老课本)	2011—03	38.00	113
世界著名平面几何经典著作钩沉(建国初期平面三角老课本)	2015—08	38.00	507
世界著名解析几何经典著作钩沉——平面解析几何卷	2014—01	38.00	264
世界著名数论经典著作钩沉(算术卷)	2012—01	28.00	125
世界著名数学经典著作钩沉——立体几何卷	2011—02	28.00	88
世界著名三角学经典著作钩沉(平面三角卷Ⅰ)	2010—06	28.00	69
世界著名三角学经典著作钩沉(平面三角卷Ⅱ)	2011—01	38.00	78
世界著名初等数论经典著作钩沉(理论和实用算术卷)	2011—07	38.00	126
发展你的空间想象力(第3版)	2021—01	98.00	1464
空间想象力进阶	2019—05	68.00	1062
走向国际数学奥林匹克的平面几何试题诠释.第1卷	2019—07	88.00	1043
走向国际数学奥林匹克的平面几何试题诠释.第2卷	2019—09	78.00	1044
走向国际数学奥林匹克的平面几何试题诠释.第3卷	2019—03	78.00	1045
走向国际数学奥林匹克的平面几何试题诠释.第4卷	2019—09	98.00	1046
平面几何证明方法全书	2007—08	35.00	1
平面几何证明方法全书习题解答(第2版)	2006—12	18.00	10
平面几何天天练上卷·基础篇(直线型)	2013—01	58.00	208
平面几何天天练中卷·基础篇(涉及圆)	2013—01	28.00	234
平面几何天天练下卷·提高篇	2013—01	58.00	237
平面几何专题研究	2013—07	98.00	258
平面几何解题之道.第1卷	2022—05	38.00	1494
几何学习题集	2020—10	48.00	1217
通过解题学习代数几何	2021—04	88.00	1301

刘培杰数学工作室
已出版(即将出版)图书目录——初等数学

书　　名	出版时间	定　价	编号
最新世界各国数学奥林匹克中的平面几何试题	2007－09	38.00	14
数学竞赛平面几何典型题及新颖解	2010－07	48.00	74
初等数学复习及研究(平面几何)	2008－09	68.00	38
初等数学复习及研究(立体几何)	2010－06	38.00	71
初等数学复习及研究(平面几何)习题解答	2009－01	58.00	42
几何学教程(平面几何卷)	2011－03	68.00	90
几何学教程(立体几何卷)	2011－07	68.00	130
几何变换与几何证题	2010－06	88.00	70
计算方法与几何证题	2011－06	28.00	129
立体几何技巧与方法	2014－04	88.00	293
几何瑰宝——平面几何 500 名题暨 1500 条定理(上、下)	2021－07	168.00	1358
三角形的解法与应用	2012－07	18.00	183
近代的三角形几何学	2012－07	48.00	184
一般折线几何学	2015－08	48.00	503
三角形的五心	2009－06	28.00	51
三角形的六心及其应用	2015－10	68.00	542
三角形趣谈	2012－08	28.00	212
解三角形	2014－01	28.00	265
探秘三角形:一次数学旅行	2021－10	68.00	1387
三角学专门教程	2014－09	28.00	387
图天下几何新题试卷.初中(第 2 版)	2017－11	58.00	855
圆锥曲线习题集(上册)	2013－06	68.00	255
圆锥曲线习题集(中册)	2015－01	78.00	434
圆锥曲线习题集(下册·第 1 卷)	2016－10	78.00	683
圆锥曲线习题集(下册·第 2 卷)	2018－01	98.00	853
圆锥曲线习题集(下册·第 3 卷)	2019－10	128.00	1113
圆锥曲线的思想方法	2021－08	48.00	1379
圆锥曲线的八个主要问题	2021－10	48.00	1415
论九点圆	2015－05	88.00	645
近代欧氏几何学	2012－03	48.00	162
罗巴切夫斯基几何学及几何基础概要	2012－07	28.00	188
罗巴切夫斯基几何学初步	2015－06	28.00	474
用三角、解析几何、复数、向量计算解数学竞赛几何题	2015－03	48.00	455
用解析法研究圆锥曲线的几何理论	2022－05	48.00	1495
美国中学几何教程	2015－04	88.00	458
三线坐标与三角形特征点	2015－04	98.00	460
坐标几何学基础.第 1 卷,笛卡儿坐标	2021－08	48.00	1398
坐标几何学基础.第 2 卷,三线坐标	2021－09	28.00	1399
平面解析几何方法与研究(第 1 卷)	2015－05	18.00	471
平面解析几何方法与研究(第 2 卷)	2015－06	18.00	472
平面解析几何方法与研究(第 3 卷)	2015－07	18.00	473
解析几何研究	2015－01	38.00	425
解析几何学教程.上	2016－01	38.00	574
解析几何学教程.下	2016－01	38.00	575
几何学基础	2016－01	58.00	581
初等几何研究	2015－02	58.00	444
十九和二十世纪欧氏几何学中的片段	2017－01	58.00	696
平面几何中考.高考.奥数一本通	2017－07	28.00	820
几何学简史	2017－08	28.00	833
四面体	2018－01	48.00	880
平面几何证明方法思路	2018－12	68.00	913

刘培杰数学工作室

已出版(即将出版)图书目录——初等数学

书　　名	出版时间	定　价	编号
平面几何图形特性新析.上篇	2019－01	68.00	911
平面几何图形特性新析.下篇	2018－06	88.00	912
平面几何范例多解探究.上篇	2018－04	48.00	910
平面几何范例多解探究.下篇	2018－12	68.00	914
从分析解题过程学解题:竞赛中的几何问题研究	2018－07	68.00	946
从分析解题过程学解题:竞赛中的向量几何与不等式研究(全2册)	2019－06	138.00	1090
从分析解题过程学解题:竞赛中的不等式问题	2021－01	48.00	1249
二维、三维欧氏几何的对偶原理	2018－12	38.00	990
星形大观及闭折线论	2019－03	68.00	1020
立体几何的问题和方法	2019－11	58.00	1127
三角代换论	2021－05	58.00	1313
俄罗斯平面几何问题集	2009－08	88.00	55
俄罗斯立体几何问题集	2014－03	58.00	283
俄罗斯几何大师——沙雷金论数学及其他	2014－01	48.00	271
来自俄罗斯的5000道几何习题及解答	2011－03	58.00	89
俄罗斯初等数学问题集	2012－05	38.00	177
俄罗斯函数问题集	2011－03	38.00	103
俄罗斯组合分析问题集	2011－01	48.00	79
俄罗斯初等数学万题选——三角卷	2012－11	38.00	222
俄罗斯初等数学万题选——代数卷	2013－08	68.00	225
俄罗斯初等数学万题选——几何卷	2014－01	68.00	226
俄罗斯《量子》杂志数学征解问题100题选	2018－08	48.00	969
俄罗斯《量子》杂志数学征解问题又100题选	2018－08	48.00	970
俄罗斯《量子》杂志数学征解问题	2020－05	48.00	1138
463个俄罗斯几何老问题	2012－01	28.00	152
《量子》数学短文精粹	2018－09	38.00	972
用三角、解析几何等计算解来自俄罗斯的几何题	2019－11	88.00	1119
基谢廖夫平面几何	2022－01	48.00	1461
数学:代数、数学分析和几何(10－11年级)	2021－01	48.00	1250
立体几何.10—11年级	2022－01	58.00	1472
直观几何学:5—6年级	2022－04	58.00	1508
谈谈素数	2011－03	18.00	91
平方和	2011－03	18.00	92
整数论	2011－05	38.00	120
从整数谈起	2015－10	28.00	538
数与多项式	2016－01	38.00	558
谈谈不定方程	2011－05	28.00	119
质数漫谈	2022－07	68.00	1529
解析不等式新论	2009－06	68.00	48
建立不等式的方法	2011－03	98.00	104
数学奥林匹克不等式研究(第2版)	2020－07	68.00	1181
不等式研究(第二辑)	2012－02	68.00	153
不等式的秘密(第一卷)(第2版)	2014－02	38.00	286
不等式的秘密(第二卷)	2014－01	38.00	268
初等不等式的证明方法	2010－06	38.00	123
初等不等式的证明方法(第二版)	2014－11	38.00	407
不等式·理论·方法(基础卷)	2015－07	38.00	496
不等式·理论·方法(经典不等式卷)	2015－07	38.00	497
不等式·理论·方法(特殊类型不等式卷)	2015－07	48.00	498
不等式探究	2016－03	38.00	582
不等式探秘	2017－01	88.00	689
四面体不等式	2017－01	68.00	715
数学奥林匹克中常见重要不等式	2017－09	38.00	845

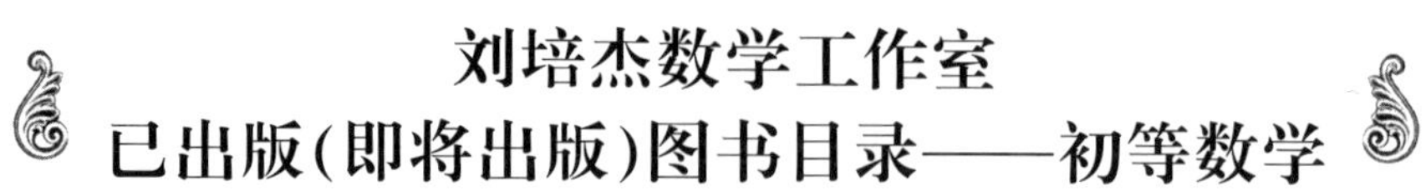

刘培杰数学工作室
已出版(即将出版)图书目录——初等数学

书名	出版时间	定价	编号
三正弦不等式	2018－09	98.00	974
函数方程与不等式:解法与稳定性结果	2019－04	68.00	1058
数学不等式.第1卷,对称多项式不等式	2022－05	78.00	1455
数学不等式.第2卷,对称有理不等式与对称无理不等式	2022－05	88.00	1456
数学不等式.第3卷,循环不等式与非循环不等式	2022－05	88.00	1457
数学不等式.第4卷,Jensen不等式的扩展与加细	2022－05	88.00	1458
数学不等式.第5卷,创建不等式与解不等式的其他方法	2022－05	88.00	1459
同余理论	2012－05	38.00	163
[x]与{x}	2015－04	48.00	476
极值与最值.上卷	2015－06	28.00	486
极值与最值.中卷	2015－06	38.00	487
极值与最值.下卷	2015－06	28.00	488
整数的性质	2012－11	38.00	192
完全平方数及其应用	2015－08	78.00	506
多项式理论	2015－10	88.00	541
奇数、偶数、奇偶分析法	2018－01	98.00	876
不定方程及其应用.上	2018－12	58.00	992
不定方程及其应用.中	2019－01	78.00	993
不定方程及其应用.下	2019－02	98.00	994
Nesbitt不等式加强式的研究	2022－06	128.00	1527
历届美国中学生数学竞赛试题及解答(第一卷)1950－1954	2014－07	18.00	277
历届美国中学生数学竞赛试题及解答(第二卷)1955－1959	2014－04	18.00	278
历届美国中学生数学竞赛试题及解答(第三卷)1960－1964	2014－06	18.00	279
历届美国中学生数学竞赛试题及解答(第四卷)1965－1969	2014－04	28.00	280
历届美国中学生数学竞赛试题及解答(第五卷)1970－1972	2014－06	18.00	281
历届美国中学生数学竞赛试题及解答(第六卷)1973－1980	2017－07	18.00	768
历届美国中学生数学竞赛试题及解答(第七卷)1981－1986	2015－01	18.00	424
历届美国中学生数学竞赛试题及解答(第八卷)1987－1990	2017－05	18.00	769
历届中国数学奥林匹克试题集(第3版)	2021－10	58.00	1440
历届加拿大数学奥林匹克试题集	2012－08	38.00	215
历届美国数学奥林匹克试题集:1972～2019	2020－04	88.00	1135
历届波兰数学竞赛试题集.第1卷,1949～1963	2015－03	18.00	453
历届波兰数学竞赛试题集.第2卷,1964～1976	2015－03	18.00	454
历届巴尔干数学奥林匹克试题集	2015－05	38.00	466
保加利亚数学奥林匹克	2014－10	38.00	393
圣彼得堡数学奥林匹克试题集	2015－01	38.00	429
匈牙利奥林匹克数学竞赛题解.第1卷	2016－05	28.00	593
匈牙利奥林匹克数学竞赛题解.第2卷	2016－05	28.00	594
历届美国数学邀请赛试题集(第2版)	2017－10	78.00	851
普林斯顿大学数学竞赛	2016－06	38.00	669
亚太地区数学奥林匹克竞赛题	2015－07	18.00	492
日本历届(初级)广中杯数学竞赛试题及解答.第1卷(2000～2007)	2016－05	28.00	641
日本历届(初级)广中杯数学竞赛试题及解答.第2卷(2008～2015)	2016－05	38.00	642
越南数学奥林匹克题选:1962－2009	2021－07	48.00	1370
360个数学竞赛问题	2016－08	58.00	677
奥数最佳实战题.上卷	2017－06	38.00	760
奥数最佳实战题.下卷	2017－05	58.00	761
哈尔滨市早期中学数学竞赛试题汇编	2016－07	28.00	672
全国高中数学联赛试题及解答:1981—2019(第4版)	2020－07	138.00	1176
2022年全国高中数学联合竞赛模拟题集	2022－06	30.00	1521
20世纪50年代全国部分城市数学竞赛试题汇编	2017－07	28.00	797

刘培杰数学工作室

已出版(即将出版)图书目录——初等数学

书　　名	出版时间	定　价	编号
国内外数学竞赛题及精解:2018～2019	2020－08	45.00	1192
国内外数学竞赛题及精解:2019～2020	2021－11	58.00	1439
许康华竞赛优学精选集.第一辑	2018－08	68.00	949
天问叶班数学问题征解 100 题.Ⅰ,2016－2018	2019－05	88.00	1075
天问叶班数学问题征解 100 题.Ⅱ,2017－2019	2020－07	98.00	1177
美国初中数学竞赛:AMC8 准备(共 6 卷)	2019－07	138.00	1089
美国高中数学竞赛:AMC10 准备(共 6 卷)	2019－08	158.00	1105
王连笑教你怎样学数学:高考选择题解题策略与客观题实用训练	2014－01	48.00	262
王连笑教你怎样学数学:高考数学高层次讲座	2015－02	48.00	432
高考数学的理论与实践	2009－08	38.00	53
高考数学核心题型解题方法与技巧	2010－01	28.00	86
高考思维新平台	2014－03	38.00	259
高考数学压轴题解题诀窍(上)(第 2 版)	2018－01	58.00	874
高考数学压轴题解题诀窍(下)(第 2 版)	2018－01	48.00	875
北京市五区文科数学三年高考模拟题详解:2013～2015	2015－08	48.00	500
北京市五区理科数学三年高考模拟题详解:2013～2015	2015－09	68.00	505
向量法巧解数学高考题	2009－08	28.00	54
高中数学课堂教学的实践与反思	2021－11	48.00	791
数学高考参考	2016－01	78.00	589
新课程标准高考数学解答题各种题型解法指导	2020－08	78.00	1196
全国及各省市高考数学试题审题要津与解法研究	2015－02	48.00	450
高中数学章节起始课的教学研究与案例设计	2019－05	28.00	1064
新课标高考数学——五年试题分章详解(2007～2011)(上、下)	2011－10	78.00	140,141
全国中考数学压轴题审题要津与解法研究	2013－04	78.00	248
新编全国及各省市中考数学压轴题审题要津与解法研究	2014－05	58.00	342
全国及各省市 5 年中考数学压轴题审题要津与解法研究(2015 版)	2015－04	58.00	462
中考数学专题总复习	2007－04	28.00	6
中考数学较难题常考题型解题方法与技巧	2016－09	48.00	681
中考数学难题常考题型解题方法与技巧	2016－09	48.00	682
中考数学中档题常考题型解题方法与技巧	2017－08	68.00	835
中考数学选择填空压轴好题妙解 365	2017－05	38.00	759
中考数学:三类重点考题的解法例析与习题	2020－04	48.00	1140
中小学数学的历史文化	2019－11	48.00	1124
初中平面几何百题多思创新解	2020－01	58.00	1125
初中数学中考备考	2020－01	58.00	1126
高考数学之九章演义	2019－08	68.00	1044
高考数学之难题谈笑间	2022－06	68.00	1519
化学可以这样学:高中化学知识方法智慧感悟疑难辨析	2019－07	58.00	1103
如何成为学习高手	2019－09	58.00	1107
高考数学:经典真题分类解析	2020－04	78.00	1134
高考数学解答题破解策略	2020－11	58.00	1221
从分析解题过程学解题:高考压轴题与竞赛题之关系探究	2020－08	88.00	1179
教学新思考:单元整体视角下的初中数学教学设计	2021－03	58.00	1278
思维再拓展:2020 年经典几何题的多解探究与思考	即将出版		1279
中考数学小压轴汇编初讲	2017－07	48.00	788
中考数学大压轴专题微言	2017－09	48.00	846
怎么解中考平面几何探索题	2019－06	48.00	1093
北京中考数学压轴题解题方法突破(第 7 版)	2021－11	68.00	1442
助你高考成功的数学解题智慧:知识是智慧的基础	2016－01	58.00	596
助你高考成功的数学解题智慧:错误是智慧的试金石	2016－04	58.00	643
助你高考成功的数学解题智慧:方法是智慧的推手	2016－04	68.00	657
高考数学奇思妙解	2016－04	38.00	610
高考数学解题策略	2016－05	48.00	670
数学解题泄天机(第 2 版)	2017－10	48.00	850

刘培杰数学工作室

已出版(即将出版)图书目录——初等数学

书　　名	出版时间	定　价	编号
高考物理压轴题全解	2017－04	58.00	746
高中物理经典问题 25 讲	2017－05	28.00	764
高中物理教学讲义	2018－01	48.00	871
高中物理教学讲义:全模块	2022－03	98.00	1492
高中物理答疑解惑 65 篇	2021－11	48.00	1462
中学物理基础问题解析	2020－08	48.00	1183
2016 年高考文科数学真题研究	2017－04	58.00	754
2016 年高考理科数学真题研究	2017－04	78.00	755
2017 年高考理科数学真题研究	2018－01	58.00	867
2017 年高考文科数学真题研究	2018－01	48.00	868
初中数学、高中数学脱节知识补缺教材	2017－06	48.00	766
高考数学小题抢分必练	2017－10	48.00	834
高考数学核心素养解读	2017－09	38.00	839
高考数学客观题解题方法和技巧	2017－10	38.00	847
十年高考数学精品试题审题要津与解法研究	2021－10	98.00	1427
中国历届高考数学试题及解答.1949－1979	2018－01	38.00	877
历届中国高考数学试题及解答.第二卷,1980—1989	2018－10	28.00	975
历届中国高考数学试题及解答.第三卷,1990—1999	2018－10	48.00	976
数学文化与高考研究	2018－03	48.00	882
跟我学解高中数学题	2018－07	58.00	926
中学数学研究的方法及案例	2018－05	58.00	869
高考数学抢分技能	2018－07	68.00	934
高一新生常用数学方法和重要数学思想提升教材	2018－06	38.00	921
2018 年高考数学真题研究	2019－01	68.00	1000
2019 年高考数学真题研究	2020－05	88.00	1137
高考数学全国卷六道解答题常考题型解题诀窍:理科(全 2 册)	2019－07	78.00	1101
高考数学全国卷 16 道选择、填空题常考题型解题诀窍.理科	2018－09	88.00	971
高考数学全国卷 16 道选择、填空题常考题型解题诀窍.文科	2020－01	88.00	1123
高中数学一题多解	2019－06	58.00	1087
历届中国高考数学试题及解答:1917－1999	2021－08	98.00	1371
2000～2003 年全国及各省市高考数学试题及解答	2022－05	88.00	1499
2004 年全国及各省市高考数学试题及解答	2022－07	78.00	1500
突破高原:高中数学解题思维探究	2021－08	48.00	1375
高考数学中的"取值范围"	2021－10	48.00	1429
新课程标准高中数学各种题型解法大全.必修一分册	2021－06	58.00	1315
新课程标准高中数学各种题型解法大全.必修二分册	2022－01	68.00	1471
高中数学各种题型解法大全.选择性必修一分册	2022－06	68.00	1525
新编 640 个世界著名数学智力趣题	2014－01	88.00	242
500 个最新世界著名数学智力趣题	2008－06	48.00	3
400 个最新世界著名数学最值问题	2008－09	48.00	36
500 个世界著名数学征解问题	2009－06	48.00	52
400 个中国最佳初等数学征解老问题	2010－01	48.00	60
500 个俄罗斯数学经典老题	2011－01	28.00	81
1000 个国外中学物理好题	2012－04	48.00	174
300 个日本高考数学题	2012－05	38.00	142
700 个早期日本高考数学试题	2017－02	88.00	752
500 个前苏联早期高考数学试题及解答	2012－05	28.00	185
546 个早期俄罗斯大学生数学竞赛题	2014－03	38.00	285
548 个来自美苏的数学好问题	2014－11	28.00	396
20 所苏联著名大学早期入学试题	2015－02	18.00	452
161 道德国工科大学生必做的微分方程习题	2015－05	28.00	469
500 个德国工科大学生必做的高数习题	2015－06	28.00	478
360 个数学竞赛问题	2016－08	58.00	677
200 个趣味数学故事	2018－02	48.00	857
470 个数学奥林匹克中的最值问题	2018－10	88.00	985
德国讲义日本考题.微积分卷	2015－04	48.00	456
德国讲义日本考题.微分方程卷	2015－04	38.00	457
二十世纪中叶中、英、美、日、法、俄高考数学试题精选	2017－06	38.00	783

刘培杰数学工作室
已出版(即将出版)图书目录——初等数学

书　　名	出版时间	定　价	编号
中国初等数学研究　2009 卷(第 1 辑)	2009-05	20.00	45
中国初等数学研究　2010 卷(第 2 辑)	2010-05	30.00	68
中国初等数学研究　2011 卷(第 3 辑)	2011-07	60.00	127
中国初等数学研究　2012 卷(第 4 辑)	2012-07	48.00	190
中国初等数学研究　2014 卷(第 5 辑)	2014-02	48.00	288
中国初等数学研究　2015 卷(第 6 辑)	2015-06	68.00	493
中国初等数学研究　2016 卷(第 7 辑)	2016-04	68.00	609
中国初等数学研究　2017 卷(第 8 辑)	2017-01	98.00	712
初等数学研究在中国. 第 1 辑	2019-03	158.00	1024
初等数学研究在中国. 第 2 辑	2019-10	158.00	1116
初等数学研究在中国. 第 3 辑	2021-05	158.00	1306
初等数学研究在中国. 第 4 辑	2022-06	158.00	1520
几何变换(Ⅰ)	2014-07	28.00	353
几何变换(Ⅱ)	2015-06	28.00	354
几何变换(Ⅲ)	2015-01	38.00	355
几何变换(Ⅳ)	2015-12	38.00	356
初等数论难题集(第一卷)	2009-05	68.00	44
初等数论难题集(第二卷)(上、下)	2011-02	128.00	82,83
数论概貌	2011-03	18.00	93
代数数论(第二版)	2013-08	58.00	94
代数多项式	2014-06	38.00	289
初等数论的知识与问题	2011-02	28.00	95
超越数论基础	2011-03	28.00	96
数论初等教程	2011-03	28.00	97
数论基础	2011-03	18.00	98
数论基础与维诺格拉多夫	2014-03	18.00	292
解析数论基础	2012-08	28.00	216
解析数论基础(第二版)	2014-01	48.00	287
解析数论问题集(第二版)(原版引进)	2014-05	88.00	343
解析数论问题集(第二版)(中译本)	2016-04	88.00	607
解析数论基础(潘承洞,潘承彪著)	2016-07	98.00	673
解析数论导引	2016-07	58.00	674
数论入门	2011-03	38.00	99
代数数论入门	2015-03	38.00	448
数论开篇	2012-07	28.00	194
解析数论引论	2011-03	48.00	100
Barban Davenport Halberstam 均值和	2009-01	40.00	33
基础数论	2011-03	28.00	101
初等数论 100 例	2011-05	18.00	122
初等数论经典例题	2012-07	18.00	204
最新世界各国数学奥林匹克中的初等数论试题(上、下)	2012-01	138.00	144,145
初等数论(Ⅰ)	2012-01	18.00	156
初等数论(Ⅱ)	2012-01	18.00	157
初等数论(Ⅲ)	2012-01	28.00	158

刘培杰数学工作室
已出版(即将出版)图书目录——初等数学

书　名	出版时间	定　价	编号
平面几何与数论中未解决的新老问题	2013-01	68.00	229
代数数论简史	2014-11	28.00	408
代数数论	2015-09	88.00	532
代数、数论及分析习题集	2016-11	98.00	695
数论导引提要及习题解答	2016-01	48.00	559
素数定理的初等证明. 第 2 版	2016-09	48.00	686
数论中的模函数与狄利克雷级数(第二版)	2017-11	78.00	837
数论:数学导引	2018-01	68.00	849
范氏大代数	2019-02	98.00	1016
解析数学讲义. 第一卷,导来式及微分、积分、级数	2019-04	88.00	1021
解析数学讲义. 第二卷,关于几何的应用	2019-04	68.00	1022
解析数学讲义. 第三卷,解析函数论	2019-04	78.00	1023
分析・组合・数论纵横谈	2019-04	58.00	1039
Hall 代数:民国时期的中学数学课本:英文	2019-08	88.00	1106
数学精神巡礼	2019-01	58.00	731
数学眼光透视(第 2 版)	2017-06	78.00	732
数学思想领悟(第 2 版)	2018-01	68.00	733
数学方法溯源(第 2 版)	2018-08	68.00	734
数学解题引论	2017-05	58.00	735
数学史话览胜(第 2 版)	2017-01	48.00	736
数学应用展观(第 2 版)	2017-08	68.00	737
数学建模尝试	2018-04	48.00	738
数学竞赛采风	2018-01	68.00	739
数学测评探营	2019-05	58.00	740
数学技能操握	2018-03	48.00	741
数学欣赏拾趣	2018-02	48.00	742
从毕达哥拉斯到怀尔斯	2007-10	48.00	9
从迪利克雷到维斯卡尔迪	2008-01	48.00	21
从哥德巴赫到陈景润	2008-05	98.00	35
从庞加莱到佩雷尔曼	2011-08	138.00	136
博弈论精粹	2008-03	58.00	30
博弈论精粹. 第二版(精装)	2015-01	88.00	461
数学 我爱你	2008-01	28.00	20
精神的圣徒　别样的人生——60 位中国数学家成长的历程	2008-09	48.00	39
数学史概论	2009-06	78.00	50
数学史概论(精装)	2013-03	158.00	272
数学史选讲	2016-01	48.00	544
斐波那契数列	2010-02	28.00	65
数学拼盘和斐波那契魔方	2010-07	38.00	72
斐波那契数列欣赏(第 2 版)	2018-08	58.00	948
Fibonacci 数列中的明珠	2018-06	58.00	928
数学的创造	2011-02	48.00	85
数学美与创造力	2016-01	48.00	595
数海拾贝	2016-01	48.00	590
数学中的美(第 2 版)	2019-04	68.00	1057
数论中的美学	2014-12	38.00	351

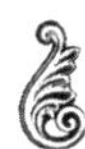

刘培杰数学工作室
已出版(即将出版)图书目录——初等数学

书　　名	出版时间	定　价	编号
数学王者　科学巨人——高斯	2015－01	28.00	428
振兴祖国数学的圆梦之旅:中国初等数学研究史话	2015－06	98.00	490
二十世纪中国数学史料研究	2015－10	48.00	536
数字谜、数阵图与棋盘覆盖	2016－01	58.00	298
时间的形状	2016－01	38.00	556
数学发现的艺术:数学探索中的合情推理	2016－07	58.00	671
活跃在数学中的参数	2016－07	48.00	675
数海趣史	2021－05	98.00	1314
数学解题——靠数学思想给力(上)	2011－07	38.00	131
数学解题——靠数学思想给力(中)	2011－07	48.00	132
数学解题——靠数学思想给力(下)	2011－07	38.00	133
我怎样解题	2013－01	48.00	227
数学解题中的物理方法	2011－06	28.00	114
数学解题的特殊方法	2011－06	48.00	115
中学数学计算技巧(第2版)	2020－10	48.00	1220
中学数学证明方法	2012－01	58.00	117
数学趣题巧解	2012－03	28.00	128
高中数学教学通鉴	2015－05	58.00	479
和高中生漫谈:数学与哲学的故事	2014－08	28.00	369
算术问题集	2017－03	38.00	789
张教授讲数学	2018－07	38.00	933
陈永明实话实说数学教学	2020－04	68.00	1132
中学数学学科知识与教学能力	2020－06	58.00	1155
怎样把课讲好:大罕数学教学随笔	2022－03	58.00	1484
中国高考评价体系下高考数学探秘	2022－03	48.00	1487
自主招生考试中的参数方程问题	2015－01	28.00	435
自主招生考试中的极坐标问题	2015－04	28.00	463
近年全国重点大学自主招生数学试题全解及研究.华约卷	2015－02	38.00	441
近年全国重点大学自主招生数学试题全解及研究.北约卷	2016－05	38.00	619
自主招生数学解证宝典	2015－09	48.00	535
中国科学技术大学创新班数学真题解析	2022－03	48.00	1488
中国科学技术大学创新班物理真题解析	2022－03	58.00	1489
格点和面积	2012－07	18.00	191
射影几何趣谈	2012－04	28.00	175
斯潘纳尔引理——从一道加拿大数学奥林匹克试题谈起	2014－01	28.00	228
李普希兹条件——从几道近年高考数学试题谈起	2012－10	18.00	221
拉格朗日中值定理——从一道北京高考试题的解法谈起	2015－10	18.00	197
闵科夫斯基定理——从一道清华大学自主招生试题谈起	2014－01	28.00	198
哈尔测度——从一道冬令营试题的背景谈起	2012－08	28.00	202
切比雪夫逼近问题——从一道中国台北数学奥林匹克试题谈起	2013－04	38.00	238
伯恩斯坦多项式与贝齐尔曲面——从一道全国高中数学联赛试题谈起	2013－03	38.00	236
卡塔兰猜想——从一道普特南竞赛试题谈起	2013－06	18.00	256
麦卡锡函数和阿克曼函数——从一道前南斯拉夫数学奥林匹克试题谈起	2012－08	18.00	201
贝蒂定理与拉姆贝克莫斯尔定理——从一个拣石子游戏谈起	2012－08	18.00	217
皮亚诺曲线和豪斯道夫分球定理——从无限集谈起	2012－08	18.00	211
平面凸图形与凸多面体	2012－10	28.00	218
斯坦因豪斯问题——从一道二十五省市自治区中学数学竞赛试题谈起	2012－07	18.00	196

刘培杰数学工作室
已出版(即将出版)图书目录——初等数学

书　名	出版时间	定　价	编号
纽结理论中的亚历山大多项式与琼斯多项式——从一道北京市高一数学竞赛试题谈起	2012－07	28.00	195
原则与策略——从波利亚"解题表"谈起	2013－04	38.00	244
转化与化归——从三大尺规作图不能问题谈起	2012－08	28.00	214
代数几何中的贝祖定理(第一版)——从一道 IMO 试题的解法谈起	2013－08	18.00	193
成功连贯理论与约当块理论——从一道比利时数学竞赛试题谈起	2012－04	18.00	180
素数判定与大数分解	2014－08	18.00	199
置换多项式及其应用	2012－10	18.00	220
椭圆函数与模函数——从一道美国加州大学洛杉矶分校(UCLA)博士资格考题谈起	2012－10	28.00	219
差分方程的拉格朗日方法——从一道 2011 年全国高考理科试题的解法谈起	2012－08	28.00	200
力学在几何中的一些应用	2013－01	38.00	240
从根式解到伽罗华理论	2020－01	48.00	1121
康托洛维奇不等式——从一道全国高中联赛试题谈起	2013－03	28.00	337
西格尔引理——从一道第 18 届 IMO 试题的解法谈起	即将出版		
罗斯定理——从一道前苏联数学竞赛试题谈起	即将出版		
拉克斯定理和阿廷定理——从一道 IMO 试题的解法谈起	2014－01	58.00	246
毕卡大定理——从一道美国大学数学竞赛试题谈起	2014－07	18.00	350
贝齐尔曲线——从一道全国高中联赛试题谈起	即将出版		
拉格朗日乘子定理——从一道 2005 年全国高中联赛试题的高等数学解法谈起	2015－05	28.00	480
雅可比定理——从一道日本数学奥林匹克试题谈起	2013－04	48.00	249
李天岩－约克定理——从一道波兰数学竞赛试题谈起	2014－06	28.00	349
整系数多项式因式分解的一般方法——从克朗耐克算法谈起	即将出版		
布劳维不动点定理——从一道前苏联数学奥林匹克试题谈起	2014－01	38.00	273
伯恩赛德定理——从一道英国数学奥林匹克试题谈起	即将出版		
布查特－莫斯特定理——从一道上海市初中竞赛试题谈起	即将出版		
数论中的同余数问题——从一道普特南竞赛试题谈起	即将出版		
范·德蒙行列式——从一道美国数学奥林匹克试题谈起	即将出版		
中国剩余定理:总数法构建中国历史年表	2015－01	28.00	430
牛顿程序与方程求根——从一道全国高考试题解法谈起	即将出版		
库默尔定理——从一道 IMO 预选试题谈起	即将出版		
卢丁定理——从一道冬令营试题的解法谈起	即将出版		
沃斯滕霍姆定理——从一道 IMO 预选试题谈起	即将出版		
卡尔松不等式——从一道莫斯科数学奥林匹克试题谈起	即将出版		
信息论中的香农熵——从一道近年高考压轴题谈起	即将出版		
约当不等式——从一道希望杯竞赛试题谈起	即将出版		
拉比诺维奇定理	即将出版		
刘维尔定理——从一道《美国数学月刊》征解问题的解法谈起	即将出版		
卡塔兰恒等式与级数求和——从一道 IMO 试题的解法谈起	即将出版		
勒让德猜想与素数分布——从一道爱尔兰竞赛试题谈起	即将出版		
天平称重与信息论——从一道基辅市数学奥林匹克试题谈起	即将出版		
哈密尔顿－凯莱定理:从一道高中数学联赛试题的解法谈起	2014－09	18.00	376
艾思特曼定理——从一道 CMO 试题的解法谈起	即将出版		

刘培杰数学工作室
已出版(即将出版)图书目录——初等数学

书　名	出版时间	定　价	编号
阿贝尔恒等式与经典不等式及应用	2018-06	98.00	923
迪利克雷除数问题	2018-07	48.00	930
幻方、幻立方与拉丁方	2019-08	48.00	1092
帕斯卡三角形	2014-03	18.00	294
蒲丰投针问题——从2009年清华大学的一道自主招生试题谈起	2014-01	38.00	295
斯图姆定理——从一道"华约"自主招生试题的解法谈起	2014-01	18.00	296
许瓦兹引理——从一道加利福尼亚大学伯克利分校数学系博士生试题谈起	2014-08	18.00	297
拉姆塞定理——从王诗宬院士的一个问题谈起	2016-04	48.00	299
坐标法	2013-12	28.00	332
数论三角形	2014-04	38.00	341
毕克定理	2014-07	18.00	352
数林掠影	2014-09	48.00	389
我们周围的概率	2014-10	38.00	390
凸函数最值定理:从一道华约自主招生题的解法谈起	2014-10	28.00	391
易学与数学奥林匹克	2014-10	38.00	392
生物数学趣谈	2015-01	18.00	409
反演	2015-01	28.00	420
因式分解与圆锥曲线	2015-01	18.00	426
轨迹	2015-01	28.00	427
面积原理:从常庚哲命的一道CMO试题的积分解法谈起	2015-01	48.00	431
形形色色的不动点定理:从一道28届IMO试题谈起	2015-01	38.00	439
柯西函数方程:从一道上海交大自主招生的试题谈起	2015-02	28.00	440
三角恒等式	2015-02	28.00	442
无理性判定:从一道2014年"北约"自主招生试题谈起	2015-01	38.00	443
数学归纳法	2015-03	18.00	451
极端原理与解题	2015-04	28.00	464
法雷级数	2014-08	18.00	367
摆线族	2015-01	38.00	438
函数方程及其解法	2015-05	38.00	470
含参数的方程和不等式	2012-09	28.00	213
希尔伯特第十问题	2016-01	38.00	543
无穷小量的求和	2016-01	28.00	545
切比雪夫多项式:从一道清华大学金秋营试题谈起	2016-01	38.00	583
泽肯多夫定理	2016-03	38.00	599
代数等式证题法	2016-01	28.00	600
三角等式证题法	2016-01	28.00	601
吴大任教授藏书中的一个因式分解公式:从一道美国数学邀请赛试题的解法谈起	2016-06	28.00	656
易卦——类万物的数学模型	2017-08	68.00	838
"不可思议"的数与数系可持续发展	2018-01	38.00	878
最短线	2018-01	38.00	879
幻方和魔方(第一卷)	2012-05	68.00	173
尘封的经典——初等数学经典文献选读(第一卷)	2012-07	48.00	205
尘封的经典——初等数学经典文献选读(第二卷)	2012-07	38.00	206
初级方程式论	2011-03	28.00	106
初等数学研究(Ⅰ)	2008-09	68.00	37
初等数学研究(Ⅱ)(上、下)	2009-05	118.00	46,47

刘培杰数学工作室
已出版(即将出版)图书目录——初等数学

书　　名	出版时间	定　价	编号
趣味初等方程妙题集锦	2014—09	48.00	388
趣味初等数论选美与欣赏	2015—02	48.00	445
耕读笔记(上卷):一位农民数学爱好者的初数探索	2015—04	28.00	459
耕读笔记(中卷):一位农民数学爱好者的初数探索	2015—05	28.00	483
耕读笔记(下卷):一位农民数学爱好者的初数探索	2015—05	28.00	484
几何不等式研究与欣赏.上卷	2016—01	88.00	547
几何不等式研究与欣赏.下卷	2016—01	48.00	552
初等数列研究与欣赏·上	2016—01	48.00	570
初等数列研究与欣赏·下	2016—01	48.00	571
趣味初等函数研究与欣赏.上	2016—09	48.00	684
趣味初等函数研究与欣赏.下	2018—09	48.00	685
三角不等式研究与欣赏	2020—10	68.00	1197
新编平面解析几何解题方法研究与欣赏	2021—10	78.00	1426
火柴游戏(第2版)	2022—05	38.00	1493
智力解谜.第1卷	2017—07	38.00	613
智力解谜.第2卷	2017—07	38.00	614
故事智力	2016—07	48.00	615
名人们喜欢的智力问题	2020—01	48.00	616
数学大师的发现、创造与失误	2018—01	48.00	617
异曲同工	2018—09	48.00	618
数学的味道	2018—01	58.00	798
数学千字文	2018—10	68.00	977
数贝偶拾——高考数学题研究	2014—04	28.00	274
数贝偶拾——初等数学研究	2014—04	38.00	275
数贝偶拾——奥数题研究	2014—04	48.00	276
钱昌本教你快乐学数学(上)	2011—12	48.00	155
钱昌本教你快乐学数学(下)	2012—03	58.00	171
集合、函数与方程	2014—01	28.00	300
数列与不等式	2014—01	38.00	301
三角与平面向量	2014—01	28.00	302
平面解析几何	2014—01	38.00	303
立体几何与组合	2014—01	28.00	304
极限与导数、数学归纳法	2014—01	38.00	305
趣味数学	2014—03	28.00	306
教材教法	2014—04	68.00	307
自主招生	2014—05	58.00	308
高考压轴题(上)	2015—01	48.00	309
高考压轴题(下)	2014—10	68.00	310
从费马到怀尔斯——费马大定理的历史	2013—10	198.00	Ⅰ
从庞加莱到佩雷尔曼——庞加莱猜想的历史	2013—10	298.00	Ⅱ
从切比雪夫到爱尔特希(上)——素数定理的初等证明	2013—07	48.00	Ⅲ
从切比雪夫到爱尔特希(下)——素数定理100年	2012—12	98.00	Ⅲ
从高斯到盖尔方特——二次域的高斯猜想	2013—10	198.00	Ⅳ
从库默尔到朗兰兹——朗兰兹猜想的历史	2014—01	98.00	Ⅴ
从比勃巴赫到德布朗斯——比勃巴赫猜想的历史	2014—02	298.00	Ⅵ
从麦比乌斯到陈省身——麦比乌斯变换与麦比乌斯带	2014—02	298.00	Ⅶ
从布尔到豪斯道夫——布尔方程与格论漫谈	2013—10	198.00	Ⅷ
从开普勒到阿诺德——三体问题的历史	2014—05	298.00	Ⅸ
从华林到华罗庚——华林问题的历史	2013—10	298.00	Ⅹ

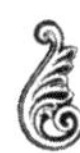

刘培杰数学工作室
已出版(即将出版)图书目录——初等数学

书　　名	出版时间	定　价	编号
美国高中数学竞赛五十讲.第1卷(英文)	2014-08	28.00	357
美国高中数学竞赛五十讲.第2卷(英文)	2014-08	28.00	358
美国高中数学竞赛五十讲.第3卷(英文)	2014-09	28.00	359
美国高中数学竞赛五十讲.第4卷(英文)	2014-09	28.00	360
美国高中数学竞赛五十讲.第5卷(英文)	2014-10	28.00	361
美国高中数学竞赛五十讲.第6卷(英文)	2014-11	28.00	362
美国高中数学竞赛五十讲.第7卷(英文)	2014-12	28.00	363
美国高中数学竞赛五十讲.第8卷(英文)	2015-01	28.00	364
美国高中数学竞赛五十讲.第9卷(英文)	2015-01	28.00	365
美国高中数学竞赛五十讲.第10卷(英文)	2015-02	38.00	366

书　　名	出版时间	定　价	编号
三角函数(第2版)	2017-04	38.00	626
不等式	2014-01	38.00	312
数列	2014-01	38.00	313
方程(第2版)	2017-04	38.00	624
排列和组合	2014-01	28.00	315
极限与导数(第2版)	2016-04	38.00	635
向量(第2版)	2018-08	58.00	627
复数及其应用	2014-08	28.00	318
函数	2014-01	38.00	319
集合	2020-01	48.00	320
直线与平面	2014-01	28.00	321
立体几何(第2版)	2016-04	38.00	629
解三角形	即将出版		323
直线与圆(第2版)	2016-11	38.00	631
圆锥曲线(第2版)	2016-09	48.00	632
解题通法(一)	2014-07	38.00	326
解题通法(二)	2014-07	38.00	327
解题通法(三)	2014-05	38.00	328
概率与统计	2014-01	28.00	329
信息迁移与算法	即将出版		330

书　　名	出版时间	定　价	编号
IMO 50年.第1卷(1959-1963)	2014-11	28.00	377
IMO 50年.第2卷(1964-1968)	2014-11	28.00	378
IMO 50年.第3卷(1969-1973)	2014-09	28.00	379
IMO 50年.第4卷(1974-1978)	2016-04	38.00	380
IMO 50年.第5卷(1979-1984)	2015-04	38.00	381
IMO 50年.第6卷(1985-1989)	2015-04	58.00	382
IMO 50年.第7卷(1990-1994)	2016-01	48.00	383
IMO 50年.第8卷(1995-1999)	2016-06	38.00	384
IMO 50年.第9卷(2000-2004)	2015-04	58.00	385
IMO 50年.第10卷(2005-2009)	2016-01	48.00	386
IMO 50年.第11卷(2010-2015)	2017-03	48.00	646

刘培杰数学工作室
已出版(即将出版)图书目录——初等数学

书　　名	出版时间	定　价	编号
数学反思(2006—2007)	2020—09	88.00	915
数学反思(2008—2009)	2019—01	68.00	917
数学反思(2010—2011)	2018—05	58.00	916
数学反思(2012—2013)	2019—01	58.00	918
数学反思(2014—2015)	2019—03	78.00	919
数学反思(2016—2017)	2021—03	58.00	1286
历届美国大学生数学竞赛试题集.第一卷(1938—1949)	2015—01	28.00	397
历届美国大学生数学竞赛试题集.第二卷(1950—1959)	2015—01	28.00	398
历届美国大学生数学竞赛试题集.第三卷(1960—1969)	2015—01	28.00	399
历届美国大学生数学竞赛试题集.第四卷(1970—1979)	2015—01	18.00	400
历届美国大学生数学竞赛试题集.第五卷(1980—1989)	2015—01	28.00	401
历届美国大学生数学竞赛试题集.第六卷(1990—1999)	2015—01	28.00	402
历届美国大学生数学竞赛试题集.第七卷(2000—2009)	2015—08	18.00	403
历届美国大学生数学竞赛试题集.第八卷(2010—2012)	2015—01	18.00	404
新课标高考数学创新题解题诀窍:总论	2014—09	28.00	372
新课标高考数学创新题解题诀窍:必修1～5分册	2014—08	38.00	373
新课标高考数学创新题解题诀窍:选修2—1,2—2,1—1,1—2分册	2014—09	38.00	374
新课标高考数学创新题解题诀窍:选修2—3,4—4,4—5分册	2014—09	18.00	375
全国重点大学自主招生英文数学试题全攻略:词汇卷	2015—07	48.00	410
全国重点大学自主招生英文数学试题全攻略:概念卷	2015—01	28.00	411
全国重点大学自主招生英文数学试题全攻略:文章选读卷(上)	2016—09	38.00	412
全国重点大学自主招生英文数学试题全攻略:文章选读卷(下)	2017—01	58.00	413
全国重点大学自主招生英文数学试题全攻略:试题卷	2015—07	38.00	414
全国重点大学自主招生英文数学试题全攻略:名著欣赏卷	2017—03	48.00	415
劳埃德数学趣题大全.题目卷.1:英文	2016—01	18.00	516
劳埃德数学趣题大全.题目卷.2:英文	2016—01	18.00	517
劳埃德数学趣题大全.题目卷.3:英文	2016—01	18.00	518
劳埃德数学趣题大全.题目卷.4:英文	2016—01	18.00	519
劳埃德数学趣题大全.题目卷.5:英文	2016—01	18.00	520
劳埃德数学趣题大全.答案卷:英文	2016—01	18.00	521
李成章教练奥数笔记.第1卷	2016—01	48.00	522
李成章教练奥数笔记.第2卷	2016—01	48.00	523
李成章教练奥数笔记.第3卷	2016—01	38.00	524
李成章教练奥数笔记.第4卷	2016—01	38.00	525
李成章教练奥数笔记.第5卷	2016—01	38.00	526
李成章教练奥数笔记.第6卷	2016—01	38.00	527
李成章教练奥数笔记.第7卷	2016—01	38.00	528
李成章教练奥数笔记.第8卷	2016—01	48.00	529
李成章教练奥数笔记.第9卷	2016—01	28.00	530

刘培杰数学工作室
已出版(即将出版)图书目录——初等数学

书　　名	出版时间	定　价	编号
第19～23届"希望杯"全国数学邀请赛试题审题要津详细评注(初一版)	2014－03	28.00	333
第19～23届"希望杯"全国数学邀请赛试题审题要津详细评注(初二、初三版)	2014－03	38.00	334
第19～23届"希望杯"全国数学邀请赛试题审题要津详细评注(高一版)	2014－03	28.00	335
第19～23届"希望杯"全国数学邀请赛试题审题要津详细评注(高二版)	2014－03	38.00	336
第19～25届"希望杯"全国数学邀请赛试题审题要津详细评注(初一版)	2015－01	38.00	416
第19～25届"希望杯"全国数学邀请赛试题审题要津详细评注(初二、初三版)	2015－01	58.00	417
第19～25届"希望杯"全国数学邀请赛试题审题要津详细评注(高一版)	2015－01	48.00	418
第19～25届"希望杯"全国数学邀请赛试题审题要津详细评注(高二版)	2015－01	48.00	419
物理奥林匹克竞赛大题典——力学卷	2014－11	48.00	405
物理奥林匹克竞赛大题典——热学卷	2014－04	28.00	339
物理奥林匹克竞赛大题典——电磁学卷	2015－07	48.00	406
物理奥林匹克竞赛大题典——光学与近代物理卷	2014－06	28.00	345
历届中国东南地区数学奥林匹克试题集(2004～2012)	2014－06	18.00	346
历届中国西部地区数学奥林匹克试题集(2001～2012)	2014－07	18.00	347
历届中国女子数学奥林匹克试题集(2002～2012)	2014－08	18.00	348
数学奥林匹克在中国	2014－06	98.00	344
数学奥林匹克问题集	2014－01	38.00	267
数学奥林匹克不等式散论	2010－06	38.00	124
数学奥林匹克不等式欣赏	2011－09	38.00	138
数学奥林匹克超级题库(初中卷上)	2010－01	58.00	66
数学奥林匹克不等式证明方法和技巧(上、下)	2011－08	158.00	134,135
他们学什么:原民主德国中学数学课本	2016－09	38.00	658
他们学什么:英国中学数学课本	2016－09	38.00	659
他们学什么:法国中学数学课本.1	2016－09	38.00	660
他们学什么:法国中学数学课本.2	2016－09	28.00	661
他们学什么:法国中学数学课本.3	2016－09	38.00	662
他们学什么:苏联中学数学课本	2016－09	28.00	679
高中数学题典——集合与简易逻辑·函数	2016－07	48.00	647
高中数学题典——导数	2016－07	48.00	648
高中数学题典——三角函数·平面向量	2016－07	48.00	649
高中数学题典——数列	2016－07	58.00	650
高中数学题典——不等式·推理与证明	2016－07	38.00	651
高中数学题典——立体几何	2016－07	48.00	652
高中数学题典——平面解析几何	2016－07	78.00	653
高中数学题典——计数原理·统计·概率·复数	2016－07	48.00	654
高中数学题典——算法·平面几何·初等数论·组合数学·其他	2016－07	68.00	655

刘培杰数学工作室
已出版(即将出版)图书目录——初等数学

书　　名	出版时间	定　价	编号
台湾地区奥林匹克数学竞赛试题.小学一年级	2017－03	38.00	722
台湾地区奥林匹克数学竞赛试题.小学二年级	2017－03	38.00	723
台湾地区奥林匹克数学竞赛试题.小学三年级	2017－03	38.00	724
台湾地区奥林匹克数学竞赛试题.小学四年级	2017－03	38.00	725
台湾地区奥林匹克数学竞赛试题.小学五年级	2017－03	38.00	726
台湾地区奥林匹克数学竞赛试题.小学六年级	2017－03	38.00	727
台湾地区奥林匹克数学竞赛试题.初中一年级	2017－03	38.00	728
台湾地区奥林匹克数学竞赛试题.初中二年级	2017－03	38.00	729
台湾地区奥林匹克数学竞赛试题.初中三年级	2017－03	28.00	730
不等式证题法	2017－04	28.00	747
平面几何培优教程	2019－08	88.00	748
奥数鼎级培优教程.高一分册	2018－09	88.00	749
奥数鼎级培优教程.高二分册.上	2018－04	68.00	750
奥数鼎级培优教程.高二分册.下	2018－04	68.00	751
高中数学竞赛冲刺宝典	2019－04	68.00	883
初中尖子生数学超级题典.实数	2017－07	58.00	792
初中尖子生数学超级题典.式、方程与不等式	2017－08	58.00	793
初中尖子生数学超级题典.圆、面积	2017－08	38.00	794
初中尖子生数学超级题典.函数、逻辑推理	2017－08	48.00	795
初中尖子生数学超级题典.角、线段、三角形与多边形	2017－07	58.00	796
数学王子——高斯	2018－01	48.00	858
坎坷奇星——阿贝尔	2018－01	48.00	859
闪烁奇星——伽罗瓦	2018－01	58.00	860
无穷统帅——康托尔	2018－01	48.00	861
科学公主——柯瓦列夫斯卡娅	2018－01	48.00	862
抽象代数之母——埃米·诺特	2018－01	48.00	863
电脑先驱——图灵	2018－01	58.00	864
昔日神童——维纳	2018－01	48.00	865
数坛怪侠——爱尔特希	2018－01	68.00	866
传奇数学家徐利治	2019－09	88.00	1110
当代世界中的数学.数学思想与数学基础	2019－01	38.00	892
当代世界中的数学.数学问题	2019－01	38.00	893
当代世界中的数学.应用数学与数学应用	2019－01	38.00	894
当代世界中的数学.数学王国的新疆域(一)	2019－01	38.00	895
当代世界中的数学.数学王国的新疆域(二)	2019－01	38.00	896
当代世界中的数学.数林撷英(一)	2019－01	38.00	897
当代世界中的数学.数林撷英(二)	2019－01	48.00	898
当代世界中的数学.数学之路	2019－01	38.00	899

刘培杰数学工作室

已出版(即将出版)图书目录——初等数学

书　　名	出版时间	定　价	编号
105 个代数问题:来自 AwesomeMath 夏季课程	2019－02	58.00	956
106 个几何问题:来自 AwesomeMath 夏季课程	2020－07	58.00	957
107 个几何问题:来自 AwesomeMath 全年课程	2020－07	58.00	958
108 个代数问题:来自 AwesomeMath 全年课程	2019－01	68.00	959
109 个不等式:来自 AwesomeMath 夏季课程	2019－04	58.00	960
国际数学奥林匹克中的 110 个几何问题	即将出版		961
111 个代数和数论问题	2019－05	58.00	962
112 个组合问题:来自 AwesomeMath 夏季课程	2019－05	58.00	963
113 个几何不等式:来自 AwesomeMath 夏季课程	2020－08	58.00	964
114 个指数和对数问题:来自 AwesomeMath 夏季课程	2019－09	48.00	965
115 个三角问题:来自 AwesomeMath 夏季课程	2019－09	58.00	966
116 个代数不等式:来自 AwesomeMath 全年课程	2019－04	58.00	967
117 个多项式问题:来自 AwesomeMath 夏季课程	2021－09	58.00	1409
118 个数学竞赛不等式	2022－08	78.00	1526
紫色彗星国际数学竞赛试题	2019－02	58.00	999
数学竞赛中的数学:为数学爱好者、父母、教师和教练准备的丰富资源. 第一部	2020－04	58.00	1141
数学竞赛中的数学:为数学爱好者、父母、教师和教练准备的丰富资源. 第二部	2020－07	48.00	1142
和与积	2020－10	38.00	1219
数论:概念和问题	2020－12	68.00	1257
初等数学问题研究	2021－03	48.00	1270
数学奥林匹克中的欧几里得几何	2021－10	68.00	1413
数学奥林匹克题解新编	2022－01	58.00	1430
澳大利亚中学数学竞赛试题及解答(初级卷)1978～1984	2019－02	28.00	1002
澳大利亚中学数学竞赛试题及解答(初级卷)1985～1991	2019－02	28.00	1003
澳大利亚中学数学竞赛试题及解答(初级卷)1992～1998	2019－02	28.00	1004
澳大利亚中学数学竞赛试题及解答(初级卷)1999～2005	2019－02	28.00	1005
澳大利亚中学数学竞赛试题及解答(中级卷)1978～1984	2019－03	28.00	1006
澳大利亚中学数学竞赛试题及解答(中级卷)1985～1991	2019－03	28.00	1007
澳大利亚中学数学竞赛试题及解答(中级卷)1992～1998	2019－03	28.00	1008
澳大利亚中学数学竞赛试题及解答(中级卷)1999～2005	2019－03	28.00	1009
澳大利亚中学数学竞赛试题及解答(高级卷)1978～1984	2019－05	28.00	1010
澳大利亚中学数学竞赛试题及解答(高级卷)1985～1991	2019－05	28.00	1011
澳大利亚中学数学竞赛试题及解答(高级卷)1992～1998	2019－05	28.00	1012
澳大利亚中学数学竞赛试题及解答(高级卷)1999～2005	2019－05	28.00	1013
天才中小学生智力测验题. 第一卷	2019－03	38.00	1026
天才中小学生智力测验题. 第二卷	2019－03	38.00	1027
天才中小学生智力测验题. 第三卷	2019－03	38.00	1028
天才中小学生智力测验题. 第四卷	2019－03	38.00	1029
天才中小学生智力测验题. 第五卷	2019－03	38.00	1030
天才中小学生智力测验题. 第六卷	2019－03	38.00	1031
天才中小学生智力测验题. 第七卷	2019－03	38.00	1032
天才中小学生智力测验题. 第八卷	2019－03	38.00	1033
天才中小学生智力测验题. 第九卷	2019－03	38.00	1034
天才中小学生智力测验题. 第十卷	2019－03	38.00	1035
天才中小学生智力测验题. 第十一卷	2019－03	38.00	1036
天才中小学生智力测验题. 第十二卷	2019－03	38.00	1037
天才中小学生智力测验题. 第十三卷	2019－03	38.00	1038

刘培杰数学工作室

已出版(即将出版)图书目录——初等数学

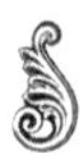

书　　名	出版时间	定　价	编号
重点大学自主招生数学备考全书:函数	2020—05	48.00	1047
重点大学自主招生数学备考全书:导数	2020—08	48.00	1048
重点大学自主招生数学备考全书:数列与不等式	2019—10	78.00	1049
重点大学自主招生数学备考全书:三角函数与平面向量	2020—08	68.00	1050
重点大学自主招生数学备考全书:平面解析几何	2020—07	58.00	1051
重点大学自主招生数学备考全书:立体几何与平面几何	2019—08	48.00	1052
重点大学自主招生数学备考全书:排列组合·概率统计·复数	2019—09	48.00	1053
重点大学自主招生数学备考全书:初等数论与组合数学	2019—08	48.00	1054
重点大学自主招生数学备考全书:重点大学自主招生真题.上	2019—04	68.00	1055
重点大学自主招生数学备考全书:重点大学自主招生真题.下	2019—04	58.00	1056
高中数学竞赛培训教程:平面几何问题的求解方法与策略.上	2018—05	68.00	906
高中数学竞赛培训教程:平面几何问题的求解方法与策略.下	2018—06	78.00	907
高中数学竞赛培训教程:整除与同余以及不定方程	2018—01	88.00	908
高中数学竞赛培训教程:组合计数与组合极值	2018—04	48.00	909
高中数学竞赛培训教程:初等代数	2019—04	78.00	1042
高中数学讲座:数学竞赛基础教程(第一册)	2019—06	48.00	1094
高中数学讲座:数学竞赛基础教程(第二册)	即将出版		1095
高中数学讲座:数学竞赛基础教程(第三册)	即将出版		1096
高中数学讲座:数学竞赛基础教程(第四册)	即将出版		1097
新编中学数学解题方法 1000 招丛书.实数(初中版)	2022—05	58.00	1291
新编中学数学解题方法 1000 招丛书.式(初中版)	2022—05	48.00	1292
新编中学数学解题方法 1000 招丛书.方程与不等式(初中版)	2021—04	58.00	1293
新编中学数学解题方法 1000 招丛书.函数(初中版)	2022—05	38.00	1294
新编中学数学解题方法 1000 招丛书.角(初中版)	2022—05	48.00	1295
新编中学数学解题方法 1000 招丛书.线段(初中版)	2022—05	48.00	1296
新编中学数学解题方法 1000 招丛书.三角形与多边形(初中版)	2021—04	48.00	1297
新编中学数学解题方法 1000 招丛书.圆(初中版)	2022—05	48.00	1298
新编中学数学解题方法 1000 招丛书.面积(初中版)	2021—07	28.00	1299
新编中学数学解题方法 1000 招丛书.逻辑推理(初中版)	2022—06	48.00	1300
高中数学题典精编.第一辑.函数	2022—01	58.00	1444
高中数学题典精编.第一辑.导数	2022—01	68.00	1445
高中数学题典精编.第一辑.三角函数·平面向量	2022—01	68.00	1446
高中数学题典精编.第一辑.数列	2022—01	58.00	1447
高中数学题典精编.第一辑.不等式·推理与证明	2022—01	58.00	1448
高中数学题典精编.第一辑.立体几何	2022—01	58.00	1449
高中数学题典精编.第一辑.平面解析几何	2022—01	68.00	1450
高中数学题典精编.第一辑.统计·概率·平面几何	2022—01	58.00	1451
高中数学题典精编.第一辑.初等数论·组合数学·数学文化·解题方法	2022—01	58.00	1452

联系地址:哈尔滨市南岗区复华四道街 10 号　哈尔滨工业大学出版社刘培杰数学工作室

网　　址:http://lpj.hit.edu.cn/

邮　　编:150006

联系电话:0451—86281378　　13904613167

E-mail:lpj1378@163.com